AI 图像生成

核心技术与实战

南柯◎著

人民邮电出版社

北京

图书在版编目（CIP）数据

AI 图像生成核心技术与实战 / 南柯著. -- 北京：
人民邮电出版社，2024. -- ISBN 978-7-115-65039-9

Ⅰ. TP391.413

中国国家版本馆 CIP 数据核字第 2024DH6763 号

内 容 提 要

本书以 AI 图像生成为主线，串联讲解了 Stable Diffusion、DALL·E、Imagen、Midjourney 等模型的技术方案，并带着读者训练一个自己专属的 AI 图像生成模型。

本书共 6 章。第 1 章先介绍身边的 AIGC 产品，再讲解 AI 图像生成相关的深度学习基础知识，包括神经网络和多模态模型的基础知识。第 2 章讲解 AI 图像生成技术，从 VAE 到 GAN 到基于流的模型再到扩散模型的演化，并详细介绍扩散模型的算法原理和组成模块。第 3 章讲解 Stable Diffusion 模型的核心技术。第 4 章讲解 DALL·E 2、Imagen、DeepFloyd 和 Stable Diffusion 图像变体模型的核心技术。第 5 章讲解 Midjourney、SDXL 和 DALL·E 3 的核心技术。第 6 章是项目实战，使用 LoRA 技术对 Stable Diffusion 模型进行微调，得到特定风格的 AI 图像生成模型。

◆ 著 南 柯
责任编辑 贾 静
责任印制 王 郁 胡 南

◆ 人民邮电出版社出版发行 北京市丰台区成寿寺路 11 号
邮编 100164 电子邮件 315@ptpress.com.cn
网址 https://www.ptpress.com.cn
北京隆昌伟业印刷有限公司印刷

◆ 开本：700×1000 1/16
印张：10.5 2024 年 10 月第 1 版
字数：204 千字 2024 年 10 月北京第 1 次印刷

定价：69.80 元

读者服务热线：**(010)81055410** 印装质量热线：**(010)81055316**
反盗版热线：**(010)81055315**
广告经营许可证：京东市监广登字 20170147 号

前　言

随着人工智能（Artificial Intelligence，AI）技术的飞速发展，我们正在见证一场技术的革新，它正以前所未有的速度和规模重塑着我们的世界。在这场技术革新中，已经出现了很多具有代表性的人工智能生成内容（Artificial Intelligence Generated Content，AIGC）产品，如 ChatGPT 和 Midjourney，它们不仅展示了 AI 的强大能力，更开启了人类与 AI 协同创作的新纪元。

以本书要讨论的 AI 图像生成模型为例，无论是专业的艺术家还是业余艺术爱好者，都可以利用 Midjourney、DALL·E 等工具，通过简单的提示语（Prompt，即文本描述）创作出精美的图像，将用户的想象转换为具体的视觉呈现，极大地拓宽了创作的空间。与以往相比，我们不必深入学习绘画技巧或花费大量时间学习图像处理软件的使用方法，就能轻松创作出具有特定风格的艺术作品。

在 2022 年，一系列基于扩散模型的"天才画师"相继出现，例如 DALL·E 2、Imagen、Stable Diffusion、Midjourney v4 等。让人兴奋的是，这些 AI 图像生成模型并非昙花一现，而是为更多、更出色的 AI 图像生成模型铺平了道路。在 2023 年，通过优化算法架构和训练数据，这些模型相继升级为 DALL·E 3、Imagen 2、Stable Diffusion XL（SDXL）、Midjourney v5/v6。可以预见，未来 AI 图像生成模型的生成能力、编辑能力仍将持续提升。它们背后使用的便是本书要讨论的扩散模型，该模型在文本描述的控制下从噪声出发，逐步去除噪声得到清晰图像。图 0-1 所示为使用 Midjourney v6 生成的创意图像。

可以看出，Midjourney 模型根据用户的指令不仅可以生成高质量的图像，还能创造出新颖的视觉内容。

随着 AI 图像生成模型的火热发展，除了正在研发和探索 AI 图像生成算法、AI 应用的专业人士，很多其他领域的算法工程师、产品经理、艺术创作者、投资人也非常热衷于探索 AI 图像生成算法背后的技术原理和发展趋势。

艺术创作者担心自己会被 AI 图像生成模型所取代。他们觉得，未来的 AI 图像生成模型应该会和现在的计算机辅助设计（Computer-Aided Design，CAD）技术一样普及，如果不尽快掌握 AI 图像生成模型的使用方法，并把它整合到自己的工作流程中，可能就要面临被 AI 图像生成模型取代的风险。有多年工作经验的资深产品经理在负责 AI 图像生成项目时，发现自己听不懂算法工程师的讨论，追问时却常常得到"产品经理不需要深入了解这方面的问题"的回应。即便是有相关知识基础的算法工程师，也发现传统的深度学习方法和 AI 新技术中间有很大的知识鸿沟。因为缺乏指导，很多时候他们只能调用现成的 AI 图像生成模型简单试玩，新技术的原理对自己来说仍然是"黑盒"。

图 0-1　使用 Midjourney v6 生成的创意图像

甚至投资人、CEO 等也在有意识地提高自己对 AI 图像生成技术的理解和能力边界的认识，他们常会在闲暇时间与算法工程师讨论相关知识。因为清楚了解 AI 图像生成背后的逻辑，有助于他们从公司视角来调整下一步的产品战略。

关于 AI 图像生成模型，人们经常追问的问题可以总结为以下 3 个。

- 为什么 Stable Diffusion 等 AI 图像生成模型一出现，生成对抗网络（Generative Adversarial Network，GAN）就黯然失色了？

- Midjourney 凭借 AI 图像生成取得了巨大成功，它可能采用了哪些独特的算法方案？

- 我能否训练一个自己专属的 AI 图像生成模型，随心所欲地生成富有创意的内容？

本书将和读者一同揭开这些问题的答案，探索 AI 图像生成技术的奥秘。本书旨在介绍 AI 图像生成模型的核心技术和实践技巧，既适合 AI 图像生成领域的从业者，尤其是软件开发人员、产品经理阅读，也适合对 AI 图像生成感兴趣的科研人员和计算机相关专业的学生阅读。

本书将从深度学习的基础知识开始讲解，探讨图像生成技术从 GAN 到扩散模型的技术演化，分析 Stable Diffusion 模型背后的算法原理，解读 DALL·E 系列、Midjourney 系列、SDXL 等模型背后的技术方案，并展望 AI 图像生成模型未来的发展趋势。本书包含大量示例代码和使用 AI 图像生成模型生成的插图，将帮助读者在感受 AI 图像生成模型的强大功能的同时，深入理解图像生成技术的理论基础，并能够将所学知识应用于实际的 AI 图像生成项目。本书共 6 章。

第 1 章是 AIGC 基础。本章先介绍 AIGC 领域正在发生的变革及相关产品，包括图像生成、大语言模型（Large Language Model，LLM）、多模态大语言模型（Multimodal Large Language Model，MLLM）等众多 AIGC 工具，再系统讲解与 AI 图像生成相关的深度学习基础知识，包括神经网络和多模态模型中的核心概念，为读者展开 AIGC 世界的全景图。

第 2 章是图像生成模型：GAN 和扩散模型。本章先介绍图像生成技术，从 VAE 到 GAN 到基于流的模型再到扩散模型的演化，然后介绍 GAN 和扩散模型的算法原理和组成模块，为读者理解 Stable Diffusion、Midjourney、DALL·E 3 等经典解决方案做好铺垫。

第 3 章是 Stable Diffusion 的核心技术。本章先介绍 VAE 和 CLIP 这两个重要模块，以及交叉注意力机制的算法原理；再探讨扩散模型如何结合 VAE、CLIP 和交叉注意力机制升级为 Stable Diffusion。

第 4 章是 DALL·E 2、Imagen、DeepFloyd 和 Stable Diffusion 图像变体的核心技术。本章介绍 DALL·E 2、Imagen、DeepFloyd 等模型的设计思路与算法原理，以及 Stability AI 推出的对标 DALL·E 2 图像变体功能的 Stable Diffusion 图像变体。

第 5 章是 Midjourney、SDXL 和 DALL·E 3 的核心技术。本章首先根据 Midjourney 的算法效果和已披露信息推测其背后的技术方案；然后解读完全开源的 SDXL 模型，分析其相比于 Stable Diffusion 效果提升的原因；最后探讨 DALL·E 3 模型的技术方案，展望未来图像生成领域的技术发展趋势。

第 6 章是训练自己的 Stable Diffusion。本章从实战角度出发，探讨如何利用 Stable Diffusion WebUI 绘画工具及 Civitai、Hugging Face 等开源社区进行创作。同时，本章还会介绍 LoRA 实现低成本 Stable Diffusion 模型微调的原理，并通过代码实战微调特定风格的 AI 图像生成模型。

　　以 AI 图像生成为代表的 AIGC 领域，其技术的发展日新月异。尽管本书尽力提供 AI 图像生成模型的最新信息和知识，但难免会有疏漏或需要更新的地方。如果读者有任何建议、疑问或想法，欢迎通过电子邮件联系我，我的邮箱是 nanke-future-ai@hotmail.com。你们的每个反馈对我来说都非常宝贵，将帮助我不断完善本书，同时也助力我们共同学习和不断成长。为方便读者学习，本书示例只呈现了核心源代码，完整源代码可以从 GitHub 网站下载，下载链接为 https://github.com/NightWalker888/multimodal_generation_code。

　　最后，我要对所有支持本书的人表示深深的感谢，特别要感谢人民邮电出版社的编辑和极客时间平台的工作人员。他们的专业指导、资源支持和不懈努力对本书的完成起到了至关重要的作用。我还要感谢选择本书的读者，希望你们能够学有所得。

　　愿我们的 AI 图像生成之旅充满启发和创造力！

南柯

目　　录

第 **1** 章

AIGC 基础

欢迎进入 AI 图像生成的奇幻世界！在这个世界里，算法与艺术的交织创造出无限的可能。DALL·E 3、Midjourney v6、Stable Diffusion、SDXL 等模型毫无疑问是 AI 图像生成领域内备受瞩目的"明星"。这些模型创作的图像都属于 AIGC。

在正式讨论 AI 图像生成前，本章先从 AIGC 开始讲解，帮助读者了解 AIGC、AI 图像生成、ChatGPT 这些纷繁概念背后的联系。作为全书的开篇，本章将探讨以下 4 类问题。

- 有哪些 AIGC 相关工具已经走进了我们的日常生活？

- AIGC 技术背后是各种各样的模型，组成这些模型的人工神经网络是一个怎样的结构？

- GPT-4 Vision（简称 GPT-4V）、Midjourney 和 Gemini 都是典型的多模态模型，它们背后分别进行着怎样的模态转换？

- 模型的参数量和计算量该如何计算？无论是探讨 AI 图像生成还是 ChatGPT，参数量和计算量始终是绕不开的话题。对于不同硬件平台和使用场景，需要对模型架构和性能进行不同优化，达到合理的参数量和计算量。

1.1　身边的 AIGC

在哔哩哔哩、抖音这样的内容平台，专业生产内容（Professionally Generated Content，PGC）和用户生产内容（User Generated Content，UGC）随处可见。与之相比，AIGC 可以看作各种 AI 模型生产的"原创"内容，包括文字、图像、音频、视频等多种形式。AIGC 工具已经悄然渗透到我们的工作、生活中，并被广泛用于文案创作、图像设计、音乐制作、数字人直播、文档辅助阅读、视频合成等场景。

1.1.1　图像生成和编辑类工具

AI 图像生成模型是利用 AI 技术，特别是深度学习模型，来生成或编辑图像和视频的软件。这些工具可以根据用户输入的文本描述生成新颖的图像和视频，或对现有的图像和视频进行编辑和风格转换。它们被广泛应用于艺术创作、娱乐、广告、教育等领域，能够极大地提高创作效率，拓展创意的边界。例如，设计师可以使用这些工具进行辅助图像设计，创作出独特的作品；插画师可以通过训练特定风格的 AI 图像生成模型，生成具有个人特色的画作。

典型的 AI 图像生成模型包括 Midjourney、DALL·E 3、Stable Diffusion WebUI 等，其中，Midjourney 可以在 Discord 平台中使用，DALL·E 3 可以在 ChatGPT 的聊天框中使用，Stable Diffusion WebUI 则可以安装到个人计算机上使用（第 6 章将讲解如何安装和使用 Stable Diffusion WebUI）。图 1-1 所示为分别使用 Midjourney、DALL·E 3 和 SDXL 生成的创意图像。

| (a) Midjourney | (b) DALL·E 3 | (c) SDXL |

图 1-1　使用 AI 图像生成模型生成创意图像

在图像编辑领域，Canva 和 Firefly 通过 AI 算法简化图像的设计和编辑流程。Canva 为用户提供丰富的模板和设计元素，非设计专业人士通过它也能快速创作专业视觉内容。它的 AI 系统能自动推荐与项目主题相匹配的设计元素，实现图像快速编辑和个性化设计。Firefly 专注于图像编辑和增强，利用图像识别技术自动优化图像的光线、色彩，进行基于内容感知的修复。它能理解图像上下文，实现智能编辑，例如自动删除杂物、改善构图或添加特定视觉效果。Canva 和 Firefly 降低了图像编辑技术门槛，为用户提供了创意和个性化表达的工具，适用于社交媒体内容生成、商业广告设计和艺术创作等领域。

1.1.2　文字提效类工具

以 ChatGPT 为代表的大语言模型，能够根据用户的输入自动生成文章、故事、代码等文本内容。类似的工具还包括 Anthropic 公司开发的 Claude、谷歌公司开发的 Gemini 等。

这些工具通过深度学习模型理解语言的结构和含义，从而提供连贯的、逻辑性强的文本输出，它们被广泛应用于辅助写作、内容创作、辅助编程等场景，能够帮助用户提高写作效率，激发创意思维，甚至辅助用户解决编程问题。例如，作家可以使用这些工具自动生成故事，在作品中引入新的视角和创意；工程师可以上传代码，使用这些工具进行代码纠错和改写，提高编程效率。使用 ChatGPT 进行故事创作和使用 Copilot 进行代码编写的示例分别如图 1-2 和图 1-3 所示。

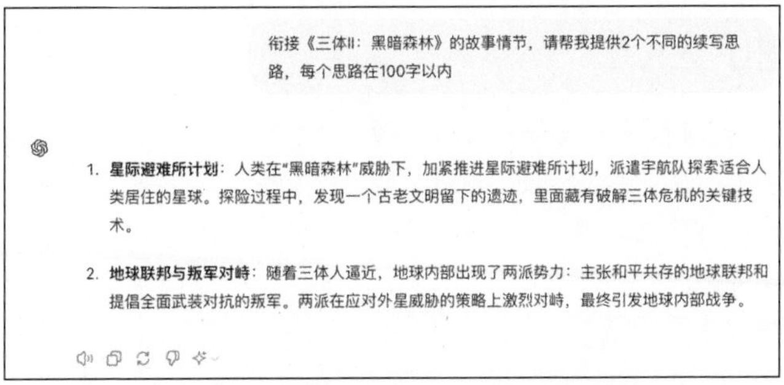

衔接《三体II：黑暗森林》的故事情节，请帮我提供2个不同的续写思路，每个思路在100字以内
1. 星际避难所计划：人类在"黑暗森林"威胁下，加紧推进星际避难所计划，派遣宇航队探索适合人类居住的星球。探险过程中，发现一个古老文明留下的遗迹，里面藏有破解三体危机的关键技术。
2. 地球联邦与叛军对峙：随着三体人逼近，地球内部出现了两派势力：主张和平共存的地球联邦和提倡全面武装对抗的叛军。两派在应对外星威胁的策略上激烈对峙，最终引发地球内部战争。

图 1-2 使用 ChatGPT 进行故事创作

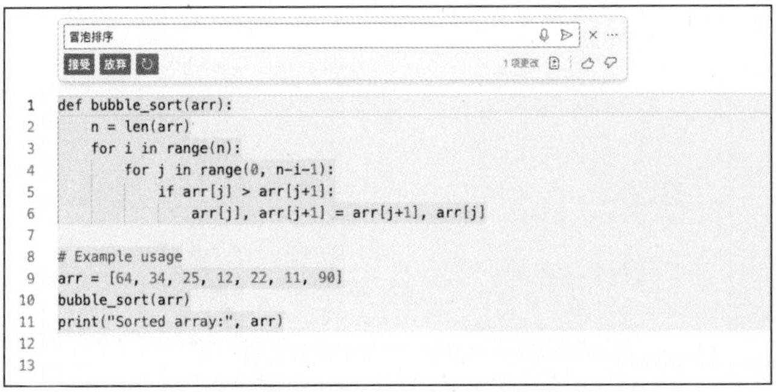

冒泡排序
接受 放弃
1 项更改
def bubble_sort(arr):
    n = len(arr)
    for i in range(n):
        for j in range(0, n-i-1):
            if arr[j] > arr[j+1]:
                arr[j], arr[j+1] = arr[j+1], arr[j]
# Example usage
arr = [64, 34, 25, 12, 22, 11, 90]
bubble_sort(arr)
print("Sorted array:", arr)

图 1-3 使用 Copilot 进行代码编写

在文档分析领域，大语言模型可以帮助用户高效地完成财报分析、文档阅读等复杂任务。这些模型能够理解文档内容，提取关键信息，甚至进行情感分析和趋势预测，从而帮助用户提升工作效率和决策的准确性。例如，金融分析师可以利用基于这些模型的工具快速理解财报中的重要数据并进行趋势预测，做出更精准的投资决策；研究人员可以利用基于这些模型的工具快速了解论文中的方法和结论。典型的文档分析工具包括 ChatGPT、Gemini、Claude 和 Kimi 等，图 1-4 为上传 PDF 文档使用 Kimi 辅助阅读论文的示例。

DALL·E 3模型是怎么训练的
dall-e-3
PDF, 26.89 MB
DALL·E·模型的训练过程在提供的PDF文档中有详细的描述。以下是训练DALL·E·3模型的关键步骤和方法：
1. 数据集重标注（Dataset Recaptioning）：
训练数据集由大量图像和描述这些图像的文本配对组成。
原始数据集中的文本通常由人类作者提供，这些描述往往只关注图像的主要主题，而忽略了背景细节或图像中描绘的常识关系。
为了解决这个问题，研究者们提出了使用合成的图像字幕来改进数据集。
2. 构建图像字幕生成器（Building an Image Captioner）：
类似于传统的语言模型，利用图像字幕生成器预测文本。
使用分词器将文本分解为离散的标记，然后构建一个语言模型来最大化文本序列的似然函数。

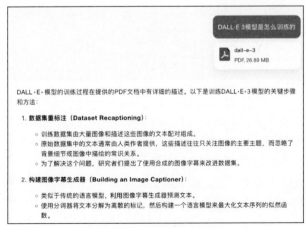

图 1-4 使用 Kimi 辅助阅读论文

1.1.3　音频创作类工具

AIGC 技术在音频创作领域展现出了巨大的潜力和创造力，尤其在语音和文字互相转换、语音合成和音乐创作等方面。例如，OpenAI 的 Whisper 可以将语音转换为文字，为音视频提供精准的字幕、为会议形成详细的记录；Amazon 的 Polly 可以将文本内容转换为自然流畅的语音，为虚拟助手、有声读物等应用提供支持；AIVA、Amper 等工具可以根据给定的风格、节奏或旋律线索创作出全新的音乐作品，其应用范围涵盖作曲、编曲和歌词创作等领域。图 1-5 为使用 Whisper 将语音转换为文字的示例。

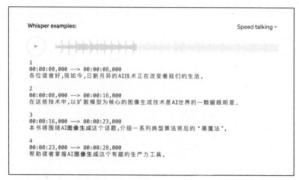

图 1-5　使用 Whisper 将语音转换为文字的示例

以上提及的 AIGC 工具，不过是冰山一角。随着技术的不断进步，相信会有更多的 AIGC 工具走进我们的生活。本书的目标是深入探索 AI 图像生成技术，为有一定数学基础和 Python 编程能力的读者提供一条全面、系统的学习路径。希望通过阅读本书，读者不仅能够理解 AIGC 的原理和应用，还能亲手实践，将理论转化为实际应用能力。

下面将从最基础的"一个神经元"开始，逐步构建整个神经网络模型的理论框架，帮助读者建立对 AI 图像生成基础概念的认知。我们会探索这些神经元如何通过学习和适应，形成能够处理复杂任务的网络结构。

1.2　神经网络

还记得高中生物课上介绍的神奇的神经元细胞吗？它们是构成人脑的奇妙"微观世界"，图 1-6 展示的便是一个神经元细胞。众多树突犹如感觉的触角，承接着来自外界的信号。神经元的细胞体，则像一个小型处理中心，用于整合这些信号，并在关键的"路口"轴丘处做出决策：这些信号足够强烈吗？足以触发神经冲动吗？如果答案是肯定的，轴突和突触就会像接力赛一样将这些信号（即兴奋或抑制的电流）传递到下一个神经元。

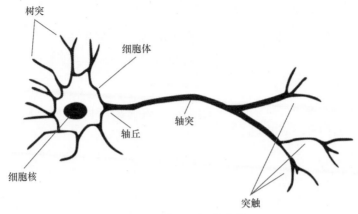

图 1-6　神经元细胞示意

1.2.1　人工神经元

组成各种 AI 模型的"微观世界"与构成人脑的神经元类似，叫作人工神经元，图 1-7 所示为一个简单的人工神经元。这个人工神经元由 3 部分构成：输入部分（类似于树突结构）、处理单元（类似于细胞体结构）和输出部分（类似于轴突结构）。

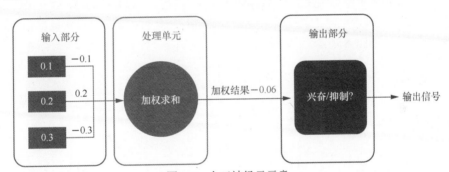

图 1-7　人工神经元示意

人工神经元处理数据的流程可以分成以下 3 步。

（1）人工神经元接收多个输入信号，如图 1-7 中的输入信号 0.1、0.2、0.3。

（2）模拟细胞体处理信号的过程，使用可学习的权重（Weight）对输入信号进行加权求和。假定当前的 3 个可学习的权重为-0.1、0.2、-0.3，加权结果的计算方式为：$0.1\times(-0.1)+0.2\times0.2+0.3\times(-0.3)=-0.06$。

（3）使用激活函数确定这个人工神经元的最终输出信号。假定使用简单的阶跃函数作为激活函数，输入值小于 0 时输出值为 0，输入值大于或者等于 0 时输出值为 1。在这个例子中，加权求和的结果为-0.06，经过阶跃函数后得到数值 0，代表输出信号为一个"抑制信号"，就像轴丘决定不触发神经冲动一样。这个输出信号，便是传递给下一个人工神经元的信息。

　　实际上，在步骤 2 使用可学习的权重对信号进行加权求和的过程中，需要引入另一个可学习的偏置（Bias）。一个人工神经元处理数据的过程可以简记为式（1.1）：

$$y = \text{Activation}(\boldsymbol{W}x + b) \tag{1.1}$$

其中，$\boldsymbol{W}$ 和 b 分别表示可学习的权重和偏置，x 表示人工神经元的输入信号，y 表示人工神经元的输出信号，Activation 表示激活函数。

1.2.2　激活函数

　　激活函数是神经网络中的非线性转换，用于决定人工神经元的输出。在没有激活函数的情况下，无论神经网络有多少层人工神经元，输出都是输入的线性组合，这大大限制了神经网络的表达能力和复杂度。激活函数引入非线性因素，使得神经网络能够学习和模拟任何复杂的函数，从而处理更复杂的任务，如图像识别、语音处理等。

　　常见的激活函数有 sigmoid 函数、双曲正切（tanh）函数、修正线性单元（Rectified Linear Unit，ReLU，即线性整流）函数、高斯误差线性单元（Gaussian Error Linear Unit，GELU）函数、泄漏修正线性单元（Leaky ReLU）函数、Swish 函数等，这些激活函数的代码实现如代码清单 1-1 所示，将这段代码进行一些可视化处理，可以得到各激活函数的曲线，如图 1-8 所示。

代码清单 1-1

```python
from math import e
from scipy.stats import norm
import numpy as np

def custom_Sigmoid(x):
    return 1/(1+e*(-x))

def custom_Tanh(x):
    return 2 * custom_Sigmoid(2*x) - 1

def custom_ReLU(x):
    return max(0, x)

def custom_Swish(x):
    return x / (1 + np.exp(-x))

def custom_GELU(x):
    return x * norm.cdf(x)

def custom_Leaky_ReLU(x, alpha = 0.01):
    return max(alpha * x, x)
```

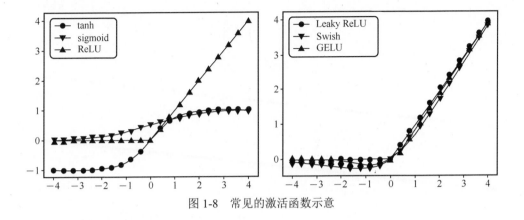

图 1-8　常见的激活函数示意

1.2.3　人工神经网络

将多个人工神经元组合到一起，按照分层结构的形式对其进行排列，便得到了人工神经网络。从功能的维度来看，人工神经网络可以分为输入层、隐藏层和输出层。

输入层标志着人工神经网络处理流程的开始，它负责接收待处理的原始数据。例如，在图像识别任务中，输入层接收的数据是图像的像素值；在文本处理任务中，输入层则接收字符或单词的编码形式的数据。输入层为人工神经网络提供了必要的数据，后续的隐藏层和输出层对这些数据进行进一步的分析和处理。

隐藏层是人工神经网络的核心，其主要任务是从输入数据中抽取有用的特征和模式。该层位于人工神经网络的内部，不与外界直接交互，对数据进行内部加工和分析。所谓的"深度学习"实际上就是使用拥有多个隐藏层的人工神经网络结构。隐藏层内的人工神经元通过激活函数引入非线性因素，这个机制显著提升了人工神经网络对复杂数据模式的学习和表达能力。

输出层位于人工神经网络的末端，它的职责是将经过隐藏层处理的数据转换成特定格式的输出。在分类任务中，输出层会给出各个类别的预测概率；在回归任务中，输出层则输出一个连续的预测数值。通过这种方式，输出层确保了人工神经网络能够根据不同的应用需求提供有意义和具体的输出结果。

从输入层接收原始数据，再经过隐藏层处理数据，最终得到输出数据的过程，被称为网络的前向传播。图 1-9 所示的人工神经网络的前向传播过程可以表示为式（1.2）：

$$y = W_3(\text{ReLU}(W_2(\text{ReLU}(W_1 x + b_1)) + b_2)) + b_3 \tag{1.2}$$

其中定义了一系列网络参数，即权重 W_1、W_2、W_3 和偏置 b_1、b_2、b_3。这些参数便是深度学习模型要学习的内容。

为了进一步帮助读者理解"权重与模型"的概念，我们使用代码清单 1-2 搭建图 1-9 所示的人工神经网络。

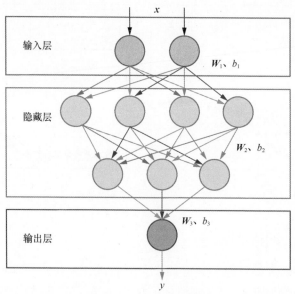

图 1-9 人工神经网络示意

代码清单 1-2

```python
import numpy as np

# ReLU 激活函数
def ReLU(x):
    return np.maximum(0, x)

# 初始化网络参数
def initialize_parameters(input_size, hidden_size1, hidden_size2, output_size):
    parameters = {
        'W1': np.random.randn(hidden_size1, input_size) * 0.01,
        'b1': np.zeros((hidden_size1, 1)),
        'W2': np.random.randn(hidden_size2, hidden_size1) * 0.01,
        'b2': np.zeros((hidden_size2, 1)),
        'W3': np.random.randn(output_size, hidden_size2) * 0.01,
        'b3': np.zeros((output_size, 1))
    }
    return parameters

# 网络的前向传播
def forward_pass(X, parameters):
    Z1 = np.dot(parameters['W1'], X) + parameters['b1']
    A1 = ReLU(Z1)
    Z2 = np.dot(parameters['W2'], A1) + parameters['b2']
    A2 = ReLU(Z2)
    Z3 = np.dot(parameters['W3'], A2) + parameters['b3']
    A3 = Z3  # 若为分类任务，此处可以是 Softmax 等激活函数
    cache = (Z1, A1, Z2, A2, Z3, A3)
    return A3, cache

# 设置网络参数
input_size = 2  # 输入特征数量
```

```
hidden_size1 = 4  # 第一个隐藏层人工神经元数量
hidden_size2 = 3  # 第二个隐藏层人工神经元数量
output_size = 1   # 输出层人工神经元数量

# 初始化网络参数
parameters = initialize_parameters(input_size, hidden_size1, hidden_size2,
          output_size)

# 假设输入数据
X = np.random.randn(input_size, 1)   # 一个样本的特征

# 网络的前向传播
output, _ = forward_pass(X, parameters)
print("网络输出:", output)
```

在这段代码中，X 是人工神经网络的输入；W1 是第一个隐藏层的权重，参数量为 hidden_size1×input_size = 4×2；b1 是第一个隐藏层的偏置，参数量为 hidden_size1×1 = 4×1；W2、b2 分别是第二个隐藏层的权重和偏置，参数量分别为 hidden_size2×hidden_size1 = 3×4、hidden_size2×1 = 3×1；W3、b3 分别是输出层的权重和偏置，参数量分别为 output_size×hidden_size2 = 1×3、output_size×1 = 1×1。两个隐藏层的输出分别经过 ReLU 激活函数，输出层则不使用激活函数。

1.2.4 损失函数

学习过程涉及损失函数（Loss Function），也叫作代价函数（Cost Function），它用于量化模型预测值与真实值之间的误差。以年龄估计任务为例，若输入的是人像照片，损失函数衡量的是模型预测年龄与照片中的人的实际年龄之间的误差。损失函数的值越小，意味着模型的预测值越接近真实值。

深度学习任务大致分为分类和回归两类。分类任务的目标是确定输入数据的类别，如性别类别或车型类别，使用的损失函数通常为交叉熵损失（Cross-Entropy Loss）；而回归任务的目标是预测一个连续数值，如年龄估计或头部姿态估计，使用的损失函数通常为 L1 损失（也称为平均绝对值误差）或 L2 损失（也称为均方误差）。以 ChatGPT 为例，它背后的技术本质上执行的是分类任务，即在给定字典中选择一个确定的类别作为每个字符的生成结果，用到的损失函数为交叉熵损失。

1.2.5 优化器

通过损失函数计算出预测值与真实值之间的误差后，优化器就可以开始发挥作用。优化器的主要职责是在人工神经网络中调整权重和偏置，目的是让模型的预测值更接近于真实值。

随机梯度下降（Stochastic Gradient Descent，SGD）和自适应矩估计（Adaptive Moment Estimation，Adam）是两种被广泛使用的优化算法。SGD 优化器通过对模型参数的梯度进行计算并更新参数来优化损失函数，它每次更新参数时仅依赖于一个（或

一小批）训练样本来计算梯度，SGD 算法因其随机性而得名。而 Adam 作为一种自适应学习率优化算法，结合了 SGD 历史梯度的动量信息，因此 Adam 优化器的收敛速度比 SGD 优化器的更快。

不妨以一个寻宝游戏为例串联损失函数、优化器和模型收敛。想象这样的场景，你正在玩一个热门的手机游戏，目标是找到藏宝箱。藏宝箱被埋在一个巨大的沙滩中，而你只能根据一个提示器和一张地图来寻找它。这个提示器会在地图上显示你距离藏宝箱是越来越近还是越来越远。你的目标就是通过不断尝试，找到藏宝箱。

在这个例子中，藏宝箱代表了人工神经网络学习的最优解；提示器代表了人工神经网络的损失函数，用于告诉你当前策略到目标的距离；你朝着提示器提供的方向移动，就类似于人工神经网络在调整其参数，即学习，以便更好地完成任务。

人们常说的"模型收敛"，便是指经过优化器的一系列调整和学习，网络的参数（你的位置）最终接近了一个状态（藏宝箱的位置），在这个状态下，损失函数（提示器）达到了一个相对较低的、稳定的值，即网络的预测值（你对藏宝箱位置的判断）非常接近真实值（藏宝箱的实际位置）。

使用 SGD 优化器就像使用一张简单地图和一个基本提示器，每次只基于当前的位置信息来更新你的路线。它简单直接，但在某些情况下可能不够高效，特别是在复杂的地形中。

使用 Adam 优化器更像使用一张高级地图和一个高科技的提示器，它不仅考虑你当前的位置，还考虑了你之前的移动，这使得找到藏宝箱的过程更加高效和快速。

1.2.6　卷积神经网络

1.2.3 节提到的人工神经网络由多层人工神经元、可学习权重构成，也称为全连接神经网络。这种网络在处理低维数据时效果显著，但在处理高维数据时，例如处理一张 640px×480px 的图像时，效率和性能会大打折扣，主要原因包括以下两点。

- 参数过多：图像具有高维特性，意味着全连接层会有大量的参数，导致计算复杂度和内存需求急剧增加。

- 空间结构信息丢失：在全连接神经网络中，输入的图像通常被转化为一维向量，这种处理方式会丢失图像的空间结构信息，即像素之间的相对位置关系。

卷积神经网络（Convolutional Neural Network，CNN）通过引入卷积层来解决上述问题，它更适用于处理图像等高维数据。图 1-10 所示为卷积神经网络处理图像数据的过程。

在这个例子中，256px×256px 的 RGB 三通道图像经过多个卷积层（Convolutional Layer）和池化层（Pooling Layer），得到一个 4×4×64 的低维特征图（Feature Map），然

后这个低维特征图被展平成一个一维特征，连接多个全连接层进而输出预测结果。

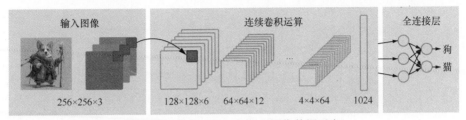

图1-10 卷积神经网络处理图像数据示意

特征图通常指使用卷积神经网络对输入图像进行处理后得到的输出数据。这些输出数据被称为"特征"，因为它们代表了输入数据的某些关键属性或特征。例如，一个256px×256px的三通道图像的输入维度为256×256×3，经过32个5×5×3次卷积计算，会得到252×252×32个特征，这些特征便可以看作32个252px×252px的特征图。在这个例子中，为了让输出的特征图尺寸为256px×256px，可将输入图像补齐为260×260×3个维度，这个过程被称为填充（Padding），如代码清单1-3所示。

代码清单 1-3

```python
import torch
import torch.nn as nn
import numpy as np
import cv2

class Net(nn.Module):
    """定义一个人工神经网络，只包含一个卷积操作
    """
    def __init__(self):
        super(Net, self).__init__()
        self.conv = nn.Conv2d(in_channels=3, out_channels=32, kernel_size=5,
                    padding=2)

    def forward(self, x):
        return self.conv(x)

if __name__ == "__main__":
    # 随机初始化一张图像作为输入
    input = torch.rand(1,3,256,256)
    net = Net()

    # 获取中间的特征图
    feature_maps = net(input)
    print(feature_maps.shape)
```

卷积神经网络具有以下3个优点。

- 参数共享。卷积操作使用固定大小的过滤器（或称为卷积核），在整个输入数据上滑动以提取特征。这种方式使得参数量大大减少，因为相同的权重在不同位置重复使用。

- 保留空间结构信息。卷积层直接在原始的二维图像上操作，能够有效捕捉局部特征（如边缘、纹理等），并保留像素之间的相对位置关系。

- 层次化特征提取。卷积神经网络通常包含多个卷积层，每层都能够从其前一层提取到的特征上进一步抽象和学习更高级的特征。

在卷积神经网络中，可以通过设置卷积操作的滑动窗口步长，改变输出特征的尺寸，同时调整输出特征的通道数目。实际应用中，也经常使用池化层（Pooling Layer）配合卷积操作达到缩小特征图尺寸的目的，从而降低计算的复杂度。最大池化（Max Pooling）和平均池化（Average Pooling）是两种经常使用的池化操作。最大池化用输入特征图的一个小区域的最大值作为输出值，平均池化则用小区域的平均值作为输出值。在 PyTorch 中使用池化操作的方式，如代码清单 1-4 所示。

代码清单 1-4

```
import torch
import torch.nn as nn

# 定义最大池化层
max_pool = nn.MaxPool2d(kernel_size=2, stride=2)

# 定义平均池化层
avg_pool = nn.AvgPool2d(kernel_size=2, stride=2)

# 创建一个随机的输入特征图
input = torch.randn(1, 1, 4, 4)    # 假设有一个单通道 4px×4px 的特征图

# 应用最大池化
output_max_pool = max_pool(input)

# 应用平均池化
output_avg_pool = avg_pool(input)

print("Input:\n", input)
print("Output after Max Pooling:\n", output_max_pool)
print("Output after Average Pooling:\n", output_avg_pool)
```

为了进一步帮助读者理解卷积神经网络，下面使用 PyTorch 搭建一个简单的卷积神经网络结构，如代码清单 1-5 所示。

代码清单 1-5

```
import torch
import torch.nn as nn
import torch.nn.functional as F
from torchvision import transforms
from PIL import Image

class SimpleCNN(nn.Module):
    def __init__(self):
        super(SimpleCNN, self).__init__()
        # 第一个卷积层
```

```
        self.conv1 = nn.Conv2d(3, 16, kernel_size=3, stride=2, padding=1)
        # 池化层
        self.pool = nn.MaxPool2d(kernel_size=2, stride=2, padding=0)
        # 第二个卷积层
        self.conv2 = nn.Conv2d(16, 32, kernel_size=3, stride=2, padding=1)
        # 两个全连接层
        self.fc1 = nn.Linear(32 * 14 * 14, 3)
        self.fc2 = nn.Linear(3, 2)

    def forward(self, x):
        x = self.pool(F.ReLU(self.conv1(x)))   # 卷积→激活→池化
        x = self.pool(F.ReLU(self.conv2(x)))   # 卷积→激活→池化
        x = torch.flatten(x, 1)                # 展平
        x = self.fc(x)                         # 全连接
        return x

def process_image(image_path):
    transform = transforms.Compose([
        transforms.Resize((224, 224)),    # 调整图像尺寸
        transforms.ToTensor()             # 转换为 Tensor
    ])
    image = Image.open(image_path)
    image = transform(image).float()
    image = image.unsqueeze(0)  # 添加一个批量维度
    return image

# 图像路径, 例如: 'path/to/your/image.jpg'
image_path = 'test.png'

# 加载和处理图像
image = process_image(image_path)
print(image.shape)

# 创建模型实例并进行预测
model = SimpleCNN()
output = model(image)

print("Predicted Value:", output.item())
```

在这个例子中，定义了一个包含两个卷积层、一个池化层和两个全连接层的卷积神经网络，输入图像是 224×224×3，它们用来完成一个基本的回归任务。我们可以根据具体需求调整网络结构、输入层和输出层的维度、激活函数等。需要指出的是，例子中的卷积神经网络在实际应用前，需要使用大量数据进行训练，损失函数和优化器仍旧需要用于优化模型参数。

1.3 多模态模型

在 AI 领域，模态（Modality）用于描述模型输入和输出的数据类型，图像、文本、音频、视频代表的是几种常见的模态。不同的模态可以提供不同的特征，使深度学习模型能够从更多的角度理解和处理数据。

人们常说的多模态（Multimodality），是指模型同时处理和理解两种或者更多种不同类型的数据，其目标是利用各种模态之间的互补信息，提升模型的准确度。

1.3.1 认识模态

在 AIGC 技术爆发前，各个模态的算法工程师各自为战，形成了以自然语言处理（Natural Language Processing，NLP）、计算机视觉（Computer Vision，CV）和音频信号处理（Audio Signal Processing，ASP）为代表的"技术阵营"。

自然语言处理技术完成的是文本模态的任务，例如翻译、文本问答、文本情感分析等，如图 1-11 所示。ChatGPT 和 GPT-4 是自然语言处理技术的集大成者，它们几乎可以完成所有文本模态的任务。

图 1-11　常见的文本模态的任务举例

计算机视觉技术完成的是图像模态的任务，例如图像分类、图像目标检测、图像分割、图像生成等，如图 1-12 所示。广义的计算机视觉技术也涉及以视频、红外图像等信息作为输入的任务，例如苹果手机提供的面容 ID（Face ID）技术。

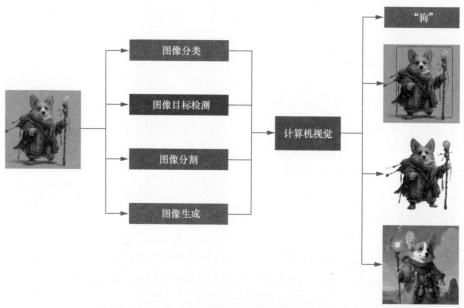

图 1-12　常见的图像模态的任务举例

音频信号处理技术完成的是音频模态的任务，例如自动语音识别（Automatic Speech Recognition，ASR）、文语转换（Text-To-Speech，TTS）、语音情感分析（Speech Emotion Analysis）等，如图 1-13 所示。

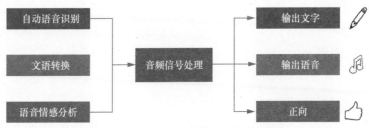

图 1-13　常见的音频模态的任务举例

1.3.2　典型多模态模型

多模态模型是 AI 领域的一个前沿研究方向，它通过处理和分析多种类型的数据（如文本、图像、视频等），提高模型的理解和生成能力。一个模型如果其输入和输出中包含两种或者两种以上的模态，那么这个模型便可以被称为多模态模型（Multimodal Model）。

以 GPT-4V 和 Stable Diffusion 为例。GPT-4V 模型的输入包括文本和图像两种模态，输出是文本模态。Stable Diffusion 有两个常见功能：一是"文生图"，即输入一段文本描述，生成一张图像；二是"图生图"，即输入一张图像和一段文本描述，得到一张新的图像。"文生图"功能的输入是文本模态，输出是图像模态；而"图生图"功能的输入是文本和图像两种模态，输出是图像模态。

按照类似的分析逻辑，Gemini（从图像、文本、音频、视频到图像和文本）、Pika（从文本模态到视频模态）、Midjourney（从文本模态到图像模态）、Whisper（从音频模态到文本模态）、Polly（从文本模态到音频模态）等模型也都是多模态模型。需要指出的是，作为多模态模型，图像和视频生成模型的用法通常是多种多样的，例如 Midjourney 可以实现"图生图"功能，Pika 可以综合图像和文本进行视频生成。

在此基础上，多模态模型可以进一步细分为多模态生成模型、多模态理解模型和多模态连接模型 3 类，以反映它们在处理跨模态信息时的特定能力和应用领域。

- 多模态生成模型，如 Midjourney 和 Stable Diffusion。该模型专注于根据文本等模态的输入生成图像、视频或其他视觉内容模态，体现了从一种模态到另一种模态的创造性转换。

- 多模态理解模型，如 GPT-4V。该模型能够综合理解来自不同模态（如图像模态和文本模态）的输入，并在此基础上执行特定任务，如回答问题或生成描述，展现了对多模态信息深层次理解的能力。

- 多模态连接模型，如对比语言-图像预训练（Contrastive Language-Image Pre-Training，CLIP，将在 3.2 节介绍）。该模型通过学习不同模态之间的关联，优化了跨模态的匹配和搜索能力，能够准确地关联和搜索不同模态间相关的信息。

一个重要的发展趋势是多模态生成模型和多模态理解模型的融合，例如 Gemini 及类似模型，既可以像 GPT-4V 一样进行图文问答，也可以像 Midjourney 一样生成图像，相当于同时完成多模态生成模型和多模态理解模型的任务。

1.3.3　参数量

正如人脑是一个由约 1000 亿个神经元构成的复杂神经网络，各类 AI 大模型本质上也是由海量"人工神经元"构成的人工神经网络，其中包含海量的模型参数。举例来说，GPT-3 有 1750 亿个模型参数，而 GPT-4 模型被普遍认为拥有万亿规模的模型参数。可见，在神经元模型参数量维度上，如今的大模型已经超过了人脑的复杂度。

相比于万、亿这样的量词，业界更喜欢用百万（Million，M）、十亿（Billion，B）和千亿（Trillion，T）的英文缩写表示模型的参数量，例如大语言模型中的 Vicuna-13B、LLaMA-65B 等。各种常见模型的参数量及功能如表 1-1 所示。

表 1-1　各种常见模型的参数量及功能

模型名称	模型参数量	模型功能
GPT-3	175B	文本问答、生成代码等
Vicuna-13B	13B	文本问答、生成代码等
LLaMA-65B	65B	文本问答、生成代码等
GPT-4V	约 1000B	文本问答、图文问答等
Stable Diffusion	约 1B	AI 图像生成
SDXL	6.6B	AI 图像生成

模型的参数量意味着模型可训练的参数总数。在大模型时代，参数量也意味着模型能力的上限。那么，模型的参数量是如何计算的呢？

对于全连接层，如果一个全连接层有 N 个输入和 M 个输出，则该层的权重参数量是 $N \times M$。此外，如果该层使用了偏置，则还要加上 M 个偏置参数。因此，全连接层的总参数量是 $N \times M + M$。

对于卷积层，参数量的计算需要考虑卷积核的尺寸、输入通道数和输出通道数。假设卷积核的尺寸是 $K \times K$，输入通道数是 C_{in}，输出通道数是 C_{out}，那么该卷积层的权重参数是 $K \times K \times C_{in} \times C_{out}$。如果使用了偏置，则还要加上 C_{out} 个偏置参数。因此，卷积层的总参数量是 $K \times K \times C_{in} \times C_{out} + C_{out}$。

1.3.4 计算量

模型的计算量，通常指在模型的一次前向传播中所需的浮点运算（Floating Point Operation，FLOP）次数，包含乘法和加法运算的总数，通常用于评估模型的复杂性和推理时的计算成本。模型的计算量取决于网络的结构和层的类型。

对于一个全连接层，如果有 N 个输入特征和 M 个输出特征，可以使用代码清单 1-6 计算该全连接层的输出。

代码清单 1-6

```python
import numpy as np

# 假设N是输入特征数量，M是输出特征数量
N = 5  # 输入特征数量
M = 3  # 输出特征数量

# 随机生成输入数据x、权重W和偏置b
x = np.random.rand(N)     # 输入向量(N,)
W = np.random.rand(M, N)  # 权重矩阵(M, N)
b = np.random.rand(M)     # 偏置向量(M,)

# 计算Wx+b
output = np.dot(W, x) + b  # 输出向量(M,)
```

这一过程的计算量可以按照如下方式计算：对于乘法运算部分，Wx 的计算需要执行 $N \times M$ 次运算。对于加法运算部分，每个输出特征都是其对应的权重与输入特征的乘积之和，因此每个输出特征需要 $N-1$ 次加法（N 个数相加只需要 $N-1$ 次加法）。鉴于有 M 个输出特征，总加法次数是 $M \times (N-1)$。之后，加上偏置 b 的过程需要额外的 M 次加法运算，因为每个输出特征都需要加上一个偏置。综上，一个全连接层的总乘法次数为 $N \times M$，总加法次数为 $M \times (N-1) + M$，两部分相加得到总计算量为 $2 \times M \times N$。

对于一个卷积层，计算量的计算需要考虑卷积核的尺寸、输入特征图的尺寸、输入通道数、输出通道数、输出特征图的尺寸等因素。如果卷积核的尺寸是 $K \times K$，输入特征图的尺寸是 $H_{in} \times W_{in}$，输入通道数是 C_{in}，输出通道数是 C_{out}（偏置项数与输出通道数一致），假设根据输入特征图的尺寸和卷积核的尺寸确定的输出特征图的尺寸是 $H_{out} \times W_{out}$，则该层的计算量为 $2 \times H_{out} \times W_{out} \times C_{out} \times K \times K \times C_{in}$。

1.4 小结

本章带领读者初步探索了 AIGC 技术。首先，本章简要介绍了理解 AIGC 技术所需要的基础知识。读者可以了解到，AIGC 技术被广泛应用于图像处理、文本生成和音频创作等领域，降低了内容创作的门槛、提升了创作的效率。然后，本章通

过从基础的人工神经元到整个人工神经网络的介绍,解释了人工神经网络是如何工作的,以及激活函数、损失函数和优化器在其中的作用。此外,本章简要介绍了多模态模型,这些模型能够处理和生成多种类型的数据,应用于生成、理解和检索内容等场景。最后,通过讨论模型的参数量和计算量,本章提供了一种评估 AIGC 模型能力的视角。

第 2 章

图像生成模型：GAN 和扩散模型

AI 图像生成是 AIGC 的重要组成部分。广义的 AI 图像生成技术不仅包括"文生图"，还涵盖"图生图"、从文本或图像生成视频片段，甚至从文本或图像生成 3D 模型等。

本章将讨论基于 GAN 和扩散模型（Diffusion Model）的图像生成技术。从早期的变分自编码器（Variational Autoencoder，VAE）和 GAN 到后来的基于流的模型（Flow-Based Model）、扩散模型和自回归模型（Autoregressive Model），AI 图像生成的算法解决方案和生成效果在持续演化。稳定扩散（Stable Diffusion）模型在扩散模型的基础上，进一步增加了文本编码器模块，实现了"文生图"功能。在深入了解 Stable Diffusion、DALL·E 2、DALL·E 3 等著名模型的算法解决方案前，本章通过以下 5 个问题讨论图像生成的基本原理。

- GAN 的工作原理、应用场景与局限性是什么？

- 扩散模型的基本原理是什么？

- 扩散模型的关键组件——U-Net 模型的基本原理是什么？

- 扩散模型的采样器的基本原理及在图像生成中的作用是什么？

- 如何训练一个扩散模型？

2.1　图像生成模型的技术演化

图像生成一直是计算机视觉领域的一个技术挑战。从技术演化的角度，图像生成模型大致可以划分为以下 5 代。

- 第一代图像生成模型：VAE。

- 第二代图像生成模型：GAN。

- 第三代图像生成模型：基于流的模型。

- 第四代图像生成模型：扩散模型。

- 第五代图像生成模型：自回归模型。

下面简要介绍这 5 代图像生成模型的基本原理。

2.1.1　第一代图像生成模型：VAE

在介绍 VAE 之前，需要读者先了解潜在空间的概念。通过神经网络，在保留原始数据关键信息的条件下，可以将输入的原始数据压缩到一个更低维度的空间，得到一个低维的向量表示，并且可以通过解码这个低维的向量表示恢复出原始数据。更低维度的空间就是潜在空间（Latent Space，也被称为隐空间），用于表示原始数据的结构和特征；低维的向量表示也叫潜在表示（Latent Representation），是原始数据在潜在空间中对应的特征向量。

VAE 使用编码器将数据压缩成潜在表示，然后使用解码器从该表示中重建数据。VAE 压缩和恢复图像的过程如图 2-1 所示。

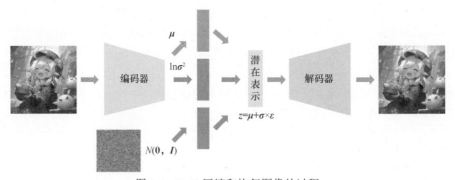

图 2-1　VAE 压缩和恢复图像的过程

在图 2-1 中，编码器负责预测高斯分布的均值 μ 和对数方差 $\ln\sigma^2$，然后采样一个高斯噪声 $\varepsilon \sim N(0,I)$，通过 $\mu+\sigma\times\varepsilon$ 得到潜在表示 z，经过解码器重建出原始数据。这里的原始数据，可以是语音、文本或者图像等不同模态的数据。VAE 通常不能生成高质量的图像，并且生成图像的多样性也不足，因此其逐渐被后来的 GAN 取代。即便如此，VAE 仍然为后续图像生成模型的发展奠定了基础。在 3.1 节中会详细探讨 VAE。

2.1.2　第二代图像生成模型：GAN

GAN 的主要结构包括一个生成器和一个判别器，生成器利用随机噪声生成图像，判别器负责评估图像的真实性。如果输入判别器的图像是训练集图像，判别器的训练目标是评估图像为真；反之，如果输入判别器的图像是生成图像，则判别器的训练目标是评估图像为假。这种对抗的过程使得 GAN 可以生成高质量、高分辨率的图像，因此其被广泛应用于艺术创作和图像编辑。2022 年以前，各种社交软件上流行的"变小孩"、"变老人"、性别变换等特效，大多是由 GAN 技术实现的。GAN 的基本结构如图 2-2 所示，其细节将在 2.2 节中探讨。

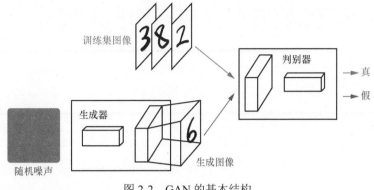

图 2-2 GAN 的基本结构

2.1.3 第三代图像生成模型：基于流的模型

基于流的模型的核心在于建立一个从复杂数据（如真实图像）到简单数据（如服从标准高斯分布的数据）的可逆映射，这种映射使我们能在两种数据之间平滑转换。

基于流的模型生成图像的过程如图 2-3 所示。具体来说，基于流的模型通过一系列可逆的变换（如特定的数学函数）将复杂的图像数据 X 转换为简单的服从标准分布的变量 Z。这个过程称为"前向流动"，即图 2-3 中的 $f(X)$。在生成图像时，将这个过程逆转，即从简单的标准分布变量 Z "反向流动"（图 2-3 中的 $f^{-1}(Z)$）回复杂的图像数据 X'，从而生成新的图像。

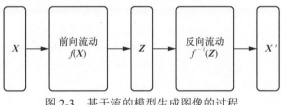

图 2-3 基于流的模型生成图像的过程

在实际应用中，基于流的模型往往难以达到 GAN 和扩散模型的图像生成质量，因此基于流的模型不作为本书讨论的重点。

2.1.4 第四代图像生成模型：扩散模型

扩散模型可逐步在数据中引入噪声，然后学习逆向扩散过程，从噪声中重建数据。随着 2022 年 DALL·E 2、Stable Diffusion、Midjourney 的推出，扩散模型技术逐渐成为图像生成领域的主流技术。图 2-4 所示为使用 Midjourney v5.1 生成图像的过程，可以看到逐步去噪得到清晰可辨的图像效果。

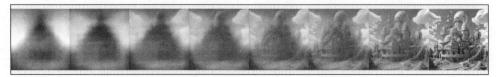

图 2-4　使用 Midjourney v5.1 生成图像的过程

2.1.5　第五代图像生成模型：自回归模型

自回归模型是一种序列数据生成模型，它通过预测序列中下一个数据点的值来生成数据。我们所熟悉的 ChatGPT 就是自然语言处理领域中的一种典型的自回归模型。在图像生成领域，也可以使用类似的原理，逐步生成与文本描述对应的图像。

在如今的图像生成领域，扩散模型十分流行。无论是在图像细节的精致度方面还是在内容的多样性方面，扩散模型都已经超过了 GAN。值得一提的是，基于自回归模型的图像生成技术尚处于早期阶段，图像细节精致度尚不能达到扩散模型的效果，但是该技术代表了未来技术发展的趋势。即便如此，想要深入了解图像生成技术，GAN 仍然是绕不开的话题。只有了解 GAN 的长处和短板，才能理解扩散模型解决了 GAN 的哪些痛点。而基于自回归模型的图像生成技术，并不是本书讨论的重点。

2.2　"旧画师"GAN

人工神经网络在训练时通常需要收集图像样本及其对应的目标标签（也称为 Ground Truth），例如分类任务的目标标签就是类别信息、年龄估计回归任务的目标标签就是个体的年龄。通常通过交叉熵损失函数来训练分类任务，通过数值误差损失函数（如 L1 损失或者 L2 损失）来训练回归任务。与分类和回归任务的训练范式不同，GAN 设计了全新的训练范式，也就是所谓的"生成对抗"训练范式。

2.2.1　生成对抗原理

理解生成对抗原理，不妨从一个简单的例子出发。

假设有一个"货币伪造者"和一个"鉴定师"，他们在一个游戏中相互竞争。"货币伪造者"的任务是制造与真实货币相似的货币，游戏开始时他并不擅长这项任务，所以制造的货币和真实货币相差很大。而"鉴定师"的任务是辨别哪些是真实货币，哪些是"货币伪造者"制造的假币，游戏开始时"鉴定师"可能也无法完美地完成这项任务。在游戏过程中，"货币伪造者"与"鉴定师"相互较量，不断提升各自的能力。"货币伪造者"通过不断地学习和尝试，越来越擅长伪造货币，欺骗"鉴定师"。同时，"鉴定师"也在不断学习如何更有效地识别假币，力争不被欺骗。最终，"货币伪造者"能够制造出可以乱真的货币，而"鉴定师"也变得极为擅长鉴定货币真伪。

这个例子体现的是 GAN 背后的生成对抗原理。"货币伪造者"对应的是 GAN 的生成器,"鉴定师"对应的则是判别器。生成器与判别器在模型训练的过程中持续更新与对抗,最终达到平衡,如代码清单 2-1 所示。

代码清单 2-1

```python
import torch
import torch.nn as nn
import torch.optim as optim

# 假设生成器、判别器, data_loader, device, num_epochs 和 latent_dim 已经定义

# 生成器和判别器的优化器
gen_optimizer = optim.Adam(generator.parameters(), lr=0.0002, betas=(0.5, 0.999))
disc_optimizer = optim.Adam(discriminator.parameters(), lr=0.0002, betas=(0.5, 0.999))

# 损失函数
adversarial_loss = nn.BCELoss()

for epoch in range(num_epochs):
    for real_batch in data_loader:

        # 更新判别器
        real_images = real_batch.to(device)
        batch_size = real_images.size(0)

        # 生成图像
        noise = torch.randn(batch_size, latent_dim, device=device)
        fake_images = generator(noise)

        # 判别器在真实图像上的损失
        real_labels = torch.ones(batch_size, 1, device=device)
        fake_labels = torch.zeros(batch_size, 1, device=device)

        disc_real_loss = adversarial_loss(discriminator(real_images),
                            real_labels)
        disc_fake_loss = adversarial_loss(discriminator(fake_images.detach()),
                            fake_labels)

        disc_loss = disc_real_loss + disc_fake_loss

        disc_optimizer.zero_grad()
        disc_loss.backward()
        disc_optimizer.step()

        # 更新生成器
        noise = torch.randn(batch_size, latent_dim, device=device)
        fake_images = generator(noise)

        gen_loss = adversarial_loss(discriminator(fake_images), real_labels)

        gen_optimizer.zero_grad()
        gen_loss.backward()
        gen_optimizer.step()
```

```
print(f"Epoch [{epoch+1}/{num_epochs}], Disc Loss: {disc_loss.item()}, Gen
Loss: {gen_loss.item()}")
```

判别器的目标是区分真实图像和生成图像，生成器的目标是生成逼近真实图像的图像，使判别器无法区分生成图像和真实图像。因此，代码清单 2-1 中损失函数的设计是通过最大化真实图像的损失和最小化生成图像的损失来实现的。

在代码清单 2-1 中，为真实图像定义标签 real_labels（值为 1），为生成图像定义标签 fake_labels（值为 0）。对于判别器的训练，使用 disc_real_loss 计算真实图像的损失，使用 adversarial_loss 函数将判别器对真实图像的输出与 real_labels 进行比较；使用 disc_fake_loss 计算生成图像的损失，使用 adversarial_loss 函数将判别器对生成图像的输出与 fake_labels 进行比较。那么，判别器的总损失 disc_loss 是 disc_real_loss 和 disc_fake_loss 的和。对于生成器的训练，生成器的损失 gen_loss，是使用 adversarial_loss 函数将判别器对生成图像的输出与 real_labels（希望判别器认为生成图像是真实图像）进行比较。

在 GAN 的训练过程中，每个训练批次的数据均按照以下方式处理。

- 更新判别器。将真实图像和生成器生成的图像输入判别器，真实图像的目标标签为 1，生成图像的目标标签为 0，分别计算真实图像的平均损失和生成图像的平均损失。通过反向传播更新判别器的参数，也就是利用梯度下降类的算法更新判别器的权重。

- 更新生成器。将随机噪声输入生成器中生成图像，然后将生成的图像输入判别器中计算平均损失，之后通过反向传播更新生成器的权重。

- 重复以上步骤进行多个训练批次的训练，直到达到预定的训练次数。

GAN 的精髓在于生成对抗思想，通过生成器和判别器的竞争，生成器生成的图像逐渐逼近真实图像。在现实世界中，GAN 的应用场景广泛，包括图像合成、图像修复、图像风格转换等。

GAN 在 2014 年被提出，最初并没有走进大众的视野，主要是因为 GAN 模型存在一些缺陷，例如同时训练生成器和判别器的过程不稳定、生成的图像不能被指定、生成的图像分辨率较低、模型推理在移动设备上用时过长等。随后的几年里，GAN 经历了一系列的重要改进，上述缺陷得到了修复，GAN 也终于迎来了它的"高光时刻"。

2.2.2 生成能力的进化

全连接神经网络中的每个人工神经元都与前一层的所有人工神经元相连接，这意味着它们没有利用图像的空间结构信息。图像通常包含丰富的空间结构信息，如局部纹理和形状，这些信息在全连接结构中会被忽略。最初的 GAN 模型使用全连接神经网络，对于图像生成任务，通过全连接神经网络学习图像的空间结构信息和局部特征比较困难，如代码清单 2-2 所示。

代码清单 2-2

```python
# 最初的 GAN 的生成器
class Generator(nn.Module):
    def __init__(self, input_dim, hidden_dim, output_dim):
        super(Generator, self).__init__()
        self.net = nn.Sequential(
            nn.Linear(input_dim, hidden_dim),
            nn.ReLU(True),
            nn.Linear(hidden_dim, hidden_dim),
            nn.ReLU(True),
            nn.Linear(hidden_dim, output_dim),
            nn.Tanh()
        )
    def forward(self, z):
        return self.net(z)
# 最初的 GAN 的判别器
class Discriminator(nn.Module):
    def __init__(self, input_dim, hidden_dim):
        super(Discriminator, self).__init__()
        self.net = nn.Sequential(
            nn.Linear(input_dim, hidden_dim),
            nn.LeakyReLU(0.2, inplace=True),
            nn.Linear(hidden_dim, hidden_dim),
            nn.LeakyReLU(0.2, inplace=True),
            nn.Linear(hidden_dim, 1),
            nn.Sigmoid()
        )
    def forward(self, x):
        return self.net(x)

# 初始化
input_dim = 100   # 生成器输入的维度
hidden_dim = 256  # 隐藏层维度
output_dim = 784  # 生成器输出的维度，例如对于 28px×28px 的图像，输出的维度是 784
G = Generator(input_dim, hidden_dim, output_dim)
D = Discriminator(output_dim, hidden_dim)
```

2015 年由 Alec Radford 等人提出的深度卷积 GAN（Deep Convolutional GAN，DCGAN）给 GAN 的改进带来了可能。DCGAN 的主要创新就是引入卷积神经网络结构，通过卷积层和反卷积层替代全连接层，使得生成器和判别器能够感知和利用图像的空间结构信息，更好地处理图像数据，从而生成更逼真的图像，其代码片段如代码清单 2-3 所示。

代码清单 2-3

```python
# DCGAN 的生成器
class Generator(nn.Module):
    def __init__(self):
        super(Generator, self).__init__()
        self.main = nn.Sequential(
```

```
        # 输入是一个维度为 100 的噪声，将它映射成一个维度为 1024 的特征图
        nn.ConvTranspose2d(in_channels=100, out_channels=1024,
                           kernel_size=4, stride=1, padding=0,
                           bias=False),
        nn.BatchNorm2d(1024),
        nn.ReLU(True),
        # 上一步的输出形状：(1024, 4, 4)
        nn.ConvTranspose2d(1024, 512, 4, 2, 1, bias=False),
        nn.BatchNorm2d(512),
        nn.ReLU(True),
        # 上一步的输出形状：(512, 8, 8)
        nn.ConvTranspose2d(512, 256, 4, 2, 1, bias=False),
        nn.BatchNorm2d(256),
        nn.ReLU(True),
        # 上一步的输出形状：(256, 16, 16)
        nn.ConvTranspose2d(256, 128, 4, 2, 1, bias=False),
        nn.BatchNorm2d(128),
        nn.ReLU(True),
        # 上一步的输出形状：(128, 32, 32)
        nn.ConvTranspose2d(128, 1, 4, 2, 1, bias=False),
        nn.Tanh()
        # 输出形状：(1, 64, 64)
    )
    def forward(self, input):
        return self.main(input)
# DCGAN 的判别器
class Discriminator(nn.Module):
    def __init__(self):
        super(Discriminator, self).__init__()
        self.main = nn.Sequential(
            # 输入形状：(1, 64, 64)
            nn.Conv2d(1, 128, 4, 2, 1, bias=False),
            nn.LeakyReLU(0.2, inplace=True),
            # 输出形状：(128, 32, 32)
            nn.Conv2d(128, 256, 4, 2, 1, bias=False),
            nn.BatchNorm2d(256),
            nn.LeakyReLU(0.2, inplace=True),
            # 输出形状：(256, 16, 16)
            nn.Conv2d(256, 512, 4, 2, 1, bias=False),
            nn.BatchNorm2d(512),
            nn.LeakyReLU(0.2, inplace=True),
            # 输出形状：(512, 8, 8)
            nn.Conv2d(512, 1024, 4, 2, 1, bias=False),
            nn.BatchNorm2d(1024),
            nn.LeakyReLU(0.2, inplace=True),
            # 输出形状：(1024, 4, 4)
            nn.Conv2d(1024, 1, 4, 1, 0, bias=False),
            nn.Sigmoid()
        )
    def forward(self, input):
        return self.main(input).view(-1, 1).squeeze(1)
```

DCGAN 的优点在于它的稳定性高、生成效果好。通过使用卷积神经网络，DCGAN 能够更好地保留图像的空间结构信息和细节信息，生成更高质量的图像。此外，DCGAN 的架构设计也为后续的 GAN 改进工作提供了重要基础。使用 GAN 和 DCGAN 生成数

字的效果，如图 2-5 所示，可以看出 DCGAN 比 GAN 的生成效果更清晰可辨。

图 2-5　原始训练数据（左），GAN 生成效果（中），DCGAN 生成效果（右）

条件 GAN（Conditional GAN，cGAN），在生成图像的过程中引入额外的条件信息，来控制生成图像的特征，例如生成特定类别的图像。在图 2-5 所示的生成数字的例子中，GAN 和 DCGAN 均无法提前指定生成的数字是 0 到 9 中的哪一个，而 cGAN 可以轻松控制生成的具体数字。对 DCGAN 的生成器和判别器代码做一些局部修改，向模型中输入额外的条件信息（如标签信息），使得生成的样本不仅服从训练数据的分布，同时还符合给定的条件信息，便可实现 cGAN，如代码清单 2-4 所示。

代码清单 2-4

```python
# cGAN 的生成器和判别器架构与 DCGAN 的类似，但输入包含额外的条件信息（如标签信息）
class ConditionalGenerator(nn.Module):
    def __init__(self, condition_dim):
        super(ConditionalGenerator, self).__init__()
        # 假设 condition_dim 是条件向量的维度
        self.condition_dim = condition_dim
        # 其他层的定义保持不变

    def forward(self, noise, condition):
        # 假设 condition 是条件向量
        condition = condition.view(-1, self.condition_dim, 1, 1)
        input = torch.cat([noise, condition], 1) # 在通道维度上合并噪声和条件向量
        return self.main(input)

class ConditionalGenerator(nn.Module):
    def __init__(self, condition_dim):
        super(ConditionalGenerator, self).__init__()
        # 假设 condition_dim 是条件向量的维度
        self.condition_dim = condition_dim
        # 其他层的定义保持不变

    def forward(self, noise, condition):
        # 假设 condition 是条件向量
        condition = condition.view(-1, self.condition_dim, 1, 1)
        input = torch.cat([noise, condition], 1) # 在通道维度上合并噪声和条件向量
        return self.main(input)
```

Wasserstein GAN（wGAN）是 DCGAN 的一个重要的改进，它通过使用 Wasserstein 距离来评估生成图像和真实图像之间的误差，有效解决了 GAN 训练过程中容易出现的

模式坍塌问题，同时提高了生成图像的质量。Wasserstein 距离用于度量两个概率分布之间的差异，量化了将一个分布转换为另一个分布所需的最小工作量。举个例子，假设有两堆放在不同位置的沙子，现在希望将第一堆沙子移动到第二堆沙子的位置，且移动速度和容器大小固定，Wasserstein 距离就代表了完成这个移动过程所需的最小总成本。在 wGAN 中，这两堆沙子象征了真实数据分布和生成数据分布。

从最初的 GAN 到 DCGAN、cGAN、wGAN，这些模型的演化代表了 GAN 在图像生成的稳定性、可控性和多样性方面的逐步提升。受限于计算资源和模型架构，早期的 GAN 模型生成图像的分辨率很低。后来出现的改进模型不断优化 GAN 的能力：PGGAN（渐进式增长生成对抗网络，Progressive Growing of GAN）通过逐步提高生成图像分辨率的方式生成高清图像，BigGAN 采用了更大的模型结构和更大的训练数据集提高生成图像的质量，StyleGAN 通过调整"风格"参数独立控制图像的高级属性（如姿态、面部特征）和微观细节（如头发风格、背景纹理），GigaGAN 致力于极高分辨率图像的生成。通过逐渐增加生成图像的尺寸、引入新的正则化技术、改进生成器和判别器的架构等方式，这些模型能生成高达 1024px×1024px 的高质量图像。图 2-6 展示了这些里程碑式 GAN 模型的发展脉络。

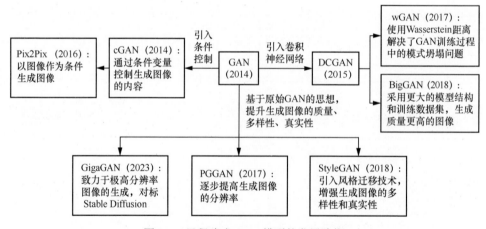

图 2-6   里程碑式 GAN 模型的发展脉络

2.2.3　GAN 时代的"图生图"

在 AI 图像生成任务中，"图生图"是一个常见的应用场景，例如将素描图像转换为彩色图像，或者将日间景观转换为夜景，或者在短视频平台上常见的"人像卡通化特效"。Pix2Pix 的系列工作解决了 GAN 时代不能实现"图生图"的问题。Pix2Pix 延续了 cGAN 的思想，将 cGAN 的条件换成了与原图像尺寸相同的图像，可以实现将轮廓图像转换为逼真图像、将黑白图像转换为彩色图像等效果。Pix2Pix 的"图生图"效果如图 2-7 所示。查看该效果是不是感觉很熟悉？没错，Pix2Pix 就是 GAN 时代的 ControlNet。

图 2-7 Pix2Pix 的"图生图"效果

Pix2Pix 以其高效率和轻量化著称,特别是在需要将成对图像进行转换的应用中表现出色,能够在性能有限的设备上实现实时图像转换。自 2018 年以来,短视频平台广泛应用基于 Pix2Pix 的实时变脸特效,如年龄变换和性别变换。然而,Pix2Pix 的一大挑战在于对大量成对的训练数据的依赖,成对的训练数据在实践中往往难以获取。

CycleGAN,即循环 GAN 应运而生,它通过引入循环一致性损失函数,使得模型能够在没有成对的训练数据的情况下,实现从一个领域到另一个领域的图像转换。图 2-8 所示为 CycleGAN 生成的成对的训练数据。

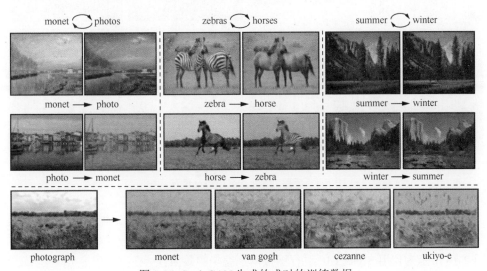

图 2-8 CycleGAN 生成的成对的训练数据

CycleGAN 包含两个生成器和两个判别器,分别负责两个领域图像的转换和真假图像的鉴别。利用循环一致性损失函数,CycleGAN 确保了图像从一个领域转换到另一个领域再转换回原始领域时,图像内容能够保持一致,例如将马转换为斑马,再将斑马转换回马,最终图像应与原始马的图像一致。

CycleGAN 的出现为图像转换任务提供了一种灵活而强大的解决方案，特别是在无法获得成对的训练数据的场景中表现出色。Pix2Pix 和 CycleGAN 的结合，为短视频特效制作提供了广泛的可能性，成为该领域的重要技术基础。例如，如果希望实时将短视频中的成人面部转换成儿童面部，只需要收集大量的成人和儿童面部图像，便可以先使用 CycleGAN 实现成人面部到儿童面部的转换，然后使用生成的成对的训练数据训练 Pix2Pix，即可实时处理短视频。

2.2.4　GAN 的技术应用

GAN 模型在图像生成、局部编辑和风格化等领域得到了广泛应用。

在图像生成领域，GAN 能够从随机噪声生成逼真的图像，如自然风景、动物等，为艺术创作和虚拟场景制作提供了强大支持。图 2-9 所示为使用 GigaGAN 生成的图像效果。

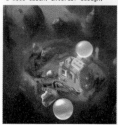   

图 2-9　使用 GigaGAN 生成的图像效果

在图像局部编辑领域，GAN 通过结合输入图像和编辑向量，能够在图像的特定区域进行精细调整，如变换颜色、纹理或形状，使图像编辑和修复更加灵活、高效。图 2-10 所示为使用 StyleCLIP 进行图像局部编辑的效果。

在图像风格化领域中，GAN 通过训练特定的生成器网络，将普通图像转换成具有特定艺术风格的作品，如油画、水彩画等。这一技术被广泛应用于艺术创作和社交媒体滤镜。

此外，GAN 还被用于老照片的修复，GAN 能够有效修复老照片中的损坏或模糊部分，对于文物保护和历史文档修复具有重要价值。图 2-11 所示为使用 CodeFormer

算法修复老照片的效果。

图2-10　使用 StyleCLIP 进行图像局部编辑的效果

原始图像　　　　　　超分辨率图片

图2-11　使用 CodeFormer 进行图像超分辨率处理的效果

2.3 "新画师" 扩散模型

尽管 GAN 逐渐变得流行，但它仍然存在着局限性，例如生成对抗训练的过程不稳定、单一模型生成风格的多样性不足，以及图像编辑能力有限等问题。以 Stable Diffusion 为代表的扩散模型在内容精致度、风格多样性和通用编辑等方面突破了 GAN 的局限性。如果 GAN 是 "旧画师"，扩散模型就是当下备受追捧的 "新画师"。对于 DALL·E 2、DALL·E 3、Imagen、Stable Diffusion 这些大名鼎鼎的模型，它们背后的 "魔术师" 都是扩散模型。

2.3.1　加噪过程：从原始图像到噪声图

扩散模型的灵感源自热力学的扩散现象，该现象描述了系统从有序状态到无序状态的过程。想象这样的过程，向一杯清水中滴入一滴红色墨水，一段时间后，整杯水都变成淡红色。

用于图像生成任务的扩散模型遵循类似的原理：对一张图像，逐步向其加入噪声，最终图像将变成一张均匀的噪声图（全是噪声的图像），整个过程如图 2-12 所示。

图 2-12　向原始图像中逐步加入噪声

如果把这个过程反过来，从一张随机噪声图出发，逐步去除噪声，最终生成一张高质量的图像，这便达成了图像生成的目的，整个过程如图 2-13 所示。

图 2-13　逐步去除噪声得到清晰的图像

从上面两个过程可以看出，基于扩散模型实现图像生成任务需要关注两个环节——加噪过程和去噪过程。

在最初的扩散模型中，无论是把一张图像加噪成纯噪声图，还是对纯噪声图进行去噪处理最终生成一张清晰的图像，都需要多个步骤。为了量化这一过程中加入了多少步噪声，引入了时间步的概念。通常而言，加噪过程的总时间步 T 设置为 1000，时间步 t 的取值是 1～1000 中的一个整数。对于加噪过程，每步添加的噪声是符合高斯分布的随机噪声，根据时间步 t 来控制添加噪声的强度。t 接近 0，加噪结果接近原始图像；t 接近 1000，加噪结果接近纯噪声图。图 2-14 所示为从第 0 步到第 $t-1$ 步、第 t 步，直到第 T 步加噪过程，$q(x_t|x_{t-1})$ 表示一个加噪步骤。

对于扩散模型的加噪过程，每步的加噪结果仅依赖于上一步的加噪结果和当前时间步 t 的加噪步骤，因此整个加噪过程可以看成参数化的马尔可夫链。马尔可夫链是一种数学模型，用于描述随机事件的序列，其中每个事件的概率仅取决于上一个事件的状态。

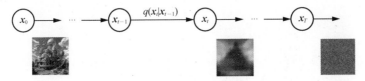

图 2-14　图像加噪过程

对于加噪过程,每步的加噪结果可以根据上一步的加噪结果和当前时间步 t 计算得到,计算过程如式(2.1)所示:

$$x_t = \sqrt{\alpha_t}\, x_{t-1} + \sqrt{1-\alpha_t}\, \epsilon \tag{2.1}$$

其中, x_t 表示第 t 步的加噪结果; x_{t-1} 表示第 $t-1$ 步的加噪结果; α_t 是一个预先设置的超参数,用于控制随时间步变化的噪声,可以理解为预先设置好的 1000 个参数; ϵ 表示一个高斯噪声。

经过数学推导, x_t 也可以通过对原始图像 x_0 进行一次计算得到,计算过程如式(2.2)所示:

$$x_t = \sqrt{\overline{\alpha_t}}\, x_0 + \sqrt{1-\overline{\alpha_t}}\, \epsilon \tag{2.2}$$

其中, x_0 表示原始图像, $\overline{\alpha_t}$ 表示从 α_1 到 α_t 的乘积。对于一张原始图像,可以通过一次计算得到任意时间步 t 的加噪结果。

2.3.2　去噪过程:从噪声图到清晰图像

如何从加噪后的噪声图得到清晰的图像呢?按照加噪 1000 步得到纯噪声图的逻辑反向思考,需要重复 1000 步这样的过程:先根据当前时间步 t "计算"出上一步加入的噪声,然后在噪声图中"减去"这个噪声,得到较清晰的图像。这里的"计算"和"减去"的工作将在 2.4 节和 2.5 节中进行解释。当 1000 步噪声"计算"和噪声"减去"的工作完成时,便得到了清晰的图像。图 2-15 所示为扩散模型从第 T 步到第 t 步、第 $t-1$ 步,直到第 0 步的去噪过程, $p_\theta(x_{t-1}|x_t)$ 表示一个去噪步骤,其中 θ 表示待学习的神经网络权重。

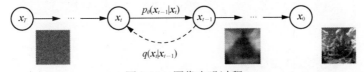

图 2-15　图像去噪过程

"计算"噪声的过程可以通过深度学习模型来完成,这个模型的输入包括当前时间步 t 的加噪后的图像和当前时间步 t 的编码,输出是这一步要"减去"的噪声,如图 2-16 所示。因为噪声和加噪后图像的尺寸是一致的,非常符合 2.4 节中将要介绍的 U-Net 模型的特性,因此使用 U-Net 模型"计算"当前时间步的噪声成为常见做法。

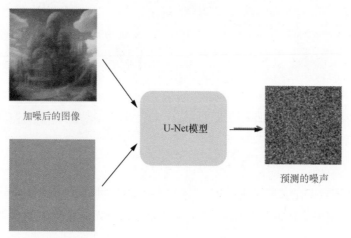

图 2-16 使用 U-Net 模型"计算"当前时间步的噪声

"减去"噪声并不是直接在加噪后的图像上进行数值减法，而是通过 2.5 节中介绍的采样器来完成，这里可以暂时将采样器当作一个黑盒，如图 2-17 所示。采样器的输入包括当前时间步 t 的加噪后的图像、当前时间步的编码、U-Net 模型预测的噪声，采样器的输出为"减去"这一步噪声得到的图像。

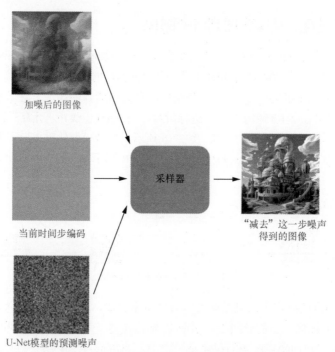

图 2-17 使用采样器"减去"当前时间步的噪声

2.3.3 训练过程和推理过程

在探讨扩散模型的训练和推理过程前，先进行限定：训练过程针对的是 2.3.2 节提到的 U-Net 模型，推理过程则是指从一个高斯噪声值出发得到一张清晰图像的全过程。

假设我们收集了一个用于训练扩散模型的训练集，整个训练过程便是不断重复以下 6 个步骤。

（1）每次从训练集中随机抽取一张图像。

（2）从 1 至 1000 中随机选择一个时间步 t。

（3）随机生成一个高斯噪声。

（4）根据式（2.2），通过一次计算直接得到第 t 步的加噪图像。

（5）将当前时间步 t 和加噪后的图像作为 U-Net 模型的输入以预测一个噪声。

（6）使用步骤（5）预测的噪声和步骤（3）随机生成的高斯噪声，计算数值误差，并回传梯度。

数值误差的计算如式（2.3）所示，用到的是 L2 损失：

$$L_\theta = E_{t, x_0, \epsilon} \left[\| \epsilon - \epsilon_\theta \left(\sqrt{\bar{a}_t} x_0 + \sqrt{1 - \bar{a}_t} \epsilon, t \right) \|^2 \right] \tag{2.3}$$

其中，x_0 表示原始图像，$\bar{a}_t$ 表示从 a_1 到 a_t 的乘积，t 表示当前时间步，ϵ 表示随机生成的高斯噪声，ϵ_θ 表示 U-Net 模型。根据原始图像和时间步，U-Net 模型可以预测当前时间步的噪声。

反复执行上面的 6 步，直到 U-Net 模型的损失函数逐渐收敛到较小的数值，就表示扩散模型已训练完成。扩散模型的训练过程如代码清单 2-5 所示，net_model 方法的输出 out 便是要训练的 U-Net 模型预测的噪声。

代码清单 2-5

```
for i, (x_0) in enumerate(tqdm_data_loader):
    # 将数据加载至相应的运行设备(device)
    x_0 = x_0.to(device)

    # 对于每张图像，随机在 1～T 的时间步中进行采样
    t = torch.randint(1, T, size=(x_0.shape[0],), device=device)

    # 取得各时间步 t 对应的 alpha_t 的开方结果的连乘
    sqrt_alpha_t_bar = torch.gather(sqrt_alphas_bar, dim=0,
                        index=t).reshape(-1, 1, 1, 1)

    # 取得各时间步 t 对应的 1-alpha_t 的开方结果的连乘
    sqrt_one_minus_alpha_t_bar = torch.gather(sqrt_one_minus_alphas_bar,
                        dim=0, index=t).reshape(-1, 1, 1, 1)
```

```
# 随机生成一个高斯噪声
noise = torch.randn_like(x_0).to(device)

# 计算第 t 步的加噪图像 x_t
x_t = sqrt_alpha_t_bar * x_0 + sqrt_one_minus_alpha_t_bar * noise

# 将 x_t 输入 U-Net 模型，得到预测的噪声
out = net_model(x_t, t)

loss = loss_function(out, noise) # 用预测的噪声和随机生成的高斯噪声计算损失
optimizer.zero_grad()   # 将优化器的梯度清零
loss.backward()    # 对损失函数反向求导以计算梯度
optimizer.step()   # 更新优化器参数
```

当完成 U-Net 模型的训练时，便可以配合采样器，从噪声图出发逐步去噪生成图像。代码清单 2-6 所示为使用去噪扩散概率模型（Denoising Diffusion Probabilistic Model，DDPM）采样器，从纯噪声图得到清晰图像的过程。在每一去噪步骤中，根据当前时间步的噪声图、当前时间步编码和 U-Net 模型预测噪声，可以通过式（2.4）计算得到去除一步噪声的图像。

$$x_{t-1} = \frac{1}{\sqrt{\alpha_t}}\left(x_t - \frac{1-\alpha_t}{\sqrt{1-\bar{\alpha}_t}}\hat{\varepsilon}_t\right) + \sqrt{\beta_t}\,z \qquad (2.4)$$

其中 $\beta_t = 1 - \alpha_t$，z 表示一个高斯噪声。式（2.4）的推导过程将在 2.5.1 节中介绍。

代码清单 2-6

```
for t_step in reversed(range(T)):   # 从 T 开始向 0 迭代
    t = t_step
    t = torch.tensor(t).to(device)

    # 如果时间步大于 0，则随机生成一个高斯噪声
    # 如果时间步为 0，即已经回到原始图像，则无须再添加噪声
    z = torch.randn_like(x_t,device=device) if t_step > 0 else 0

    # 使用 DDPM 采样器并根据式（2.4）进行计算（此步骤中额外添加了一个高斯噪声）
    x_t_minus_one = torch.sqrt(1/alphas[t])*(x_t-(1-alphas[t]) \
                *model(x_t,t.reshape(1,))/torch.sqrt(1-alphas_bar[t])) \
                +torch.sqrt(betas[t])*z

    x_t = x_t_minus_one
```

直觉上，从纯噪声图去噪得到图像需要 1000 步去噪步骤来完成。不过，在实际操作中，通过数学推导的方式来完成并不需要 1000 步，例如 2.5 节介绍的 Euler a 采样器，只需要 20～30 步去噪步骤，便可以从纯噪声图去噪得到清晰的图像。

2.3.4 扩散模型与 GAN

GAN 是通过生成器、判别器对抗训练的方式实现图像生成，本质上是人工神经

网络的左右互搏。扩散模型则是通过学习一个去除噪声的过程实现图像生成。"旧画师" GAN 和"新画师"扩散模型的特点还有很多不同，它们的多维度对比如表 2-1 所示。

表 2-1 GAN 和扩散模型的多维度对比

对比维度	GAN	扩散模型
应用	2019～2021 年风靡短视频平台的年龄变换、性别变换特效背后的技术	Midjourney、Stable Diffusion 等 AI 图像生成模型背后的技术
多样性	缺少多样性，需要针对每个任务训练一个单独的模型	多样性强，一个模型可以完成多个任务，如性别、风格变换等
训练稳定性	同时优化生成器和判别器，训练过程不稳定	拟合高斯噪声的 L2 损失，训练过程稳定
模型效率	生成效率高，甚至可以做到实时生成	生成效率低，每步去噪都是模型推理过程
潜在能力	技术相对成熟，未来有可能出现对标扩散模型的 GAN	图像生成速度越来越快、模型越来越小、编辑能力越来越强，发展潜力大

2.4 扩散模型的 U-Net 模型

在 2.3 节关于使用扩散模型进行图像生成的讨论中，U-Net 模型用于预测每步的噪声，发挥了至关重要的作用。本节将围绕 U-Net 模型的原理和应用展开，具体包括以下 3 个议题。

- U-Net 模型的基本结构和代码实现是怎样的？
- U-Net 模型的损失函数是什么？
- U-Net 模型如何应用于图像生成任务？

2.4.1 巧妙的 U 形结构

U-Net 模型最初被用于医学图像分割任务，是深度学习领域的一个重要创新。图像分类与图像分割任务的目标和输出结果有所不同。图像分类任务的目标是为整张图像分配一个整体标签，而图像分割任务的目标是为每个像素分配类别标签；图像分类任务的输出结果是一系列目标类别的概率值，而图像分割任务的输出结果是一张标注了像素类别标签的"特殊图像"。

U-Net 模型的结构是一个 U 形的全卷积神经网络。全卷积神经网络是指只由卷积运算构成、不包含任何全连接层的神经网络。这个 U 形的全卷积神经网络由一个编码器模块和一个解码器模块构成，如图 2-18 所示。

可以看到，U 形的全卷积神经网络由两部分组成：左侧是编码器，右侧是解码器，编码器和解码器之间还存在用于特征融合的跳跃连接（Skip Connection）。对于图像分割任务，编码器的输入是原始图像，解码器的输出是图像分割结果。U-Net 模型的输出结果的尺寸有时会比输入图像的尺寸小，需要一些后续处理步骤（如插值）来调整输出尺寸，得到和输入图像尺寸一致的结果。U-Net 模型输入和输出的"一致性"，让该模型可以应用于各种需要输出"图像"的任务。

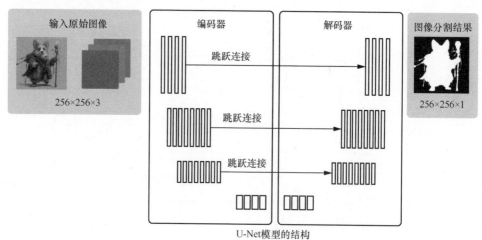

图 2-18　U-Net 模型的结构示意

U-Net 模型的编码器由连续的卷积层和池化层交替组成，每个卷积层用于提取更深层的特征图，通常在卷积后使用非线性激活函数（如 ReLU）以引入非线性因素。池化层用于进行下采样，以减小每层的空间尺寸。经过编码器处理，高分辨率的输入图像就转化成了具备较小空间尺寸的特征图。

U-Net 模型的编码器部分的实现如代码清单 2-7 所示。首先，定义一个名为 DoubleConv 的类，其中包含两次"卷积→BatchNorm 归一化→ReLU"操作（BatchNorm 归一化操作并不改变特征图的尺寸，该操作可以看作对特征图的数值范围进行约束）；然后，定义一个名为 DownSample 的类，其中包含一次"最大池化→DoubleConv"操作；最后，定义一个名为 UNetEncoder 的类，将 DoubleConv 和 DownSample 串联，形成完整的 U-Net 模型的编码器。

代码清单 2-7

```
class DoubleConv(nn.Module):
    # 两次"卷积→BatchNorm 归一化→ReLU"操作
    def __init__(self, in_channels, out_channels, mid_channels=None):
        super().__init__()
        if not mid_channels:
            mid_channels = out_channels

        self.conv1 = nn.Sequential(nn.Conv2d(in_channels, mid_channels, \
                    kernel_size=3, padding=1),
                    nn.BatchNorm2d(mid_channels),
                    nn.ReLU(inplace=True))
```

```python
        self.conv2 = nn.Sequential(nn.Conv2d(mid_channels, out_channels, \
                    kernel_size=3, padding=1),
                nn.BatchNorm2d(out_channels),
                nn.ReLU(inplace=True))

    def forward(self, x):
        x1 = self.conv1(x)
        x2 = self.conv2(x1)
        return self.double_conv(x2)

class DownSample(nn.Module):
    """下采样层"""
    def __init__(self, in_channels, out_channels):
        super().__init__()
        self.pooling_layer = nn.Sequential(
            nn.MaxPool2d(2),
            DoubleConv(in_channels, out_channels)
        )
    def forward(self, x):
        return self.pooling_layer(x)

class UNetEncoder(nn.Module):
    def __init__(self, input_channels):
        super(UNetEncoder, self).__init__()
        self.input_channels = input_channels
        self.entry_conv = DoubleConv(self.input_channels, 64)
        self.down1 = DownSample(64, 128)
        self.down2 = DownSample(128, 256)
        self.down3 = DownSample(256, 512)
    def forward(self, input_tensor):
        # 入口层
        feature1 = self.entry_conv(input_tensor)
        # 连续下采样
        feature2 = self.down1(feature1)
        feature3 = self.down2(feature2)
        feature4 = self.down3(feature3)
        return feature4
```

U-Net 模型的解码器与编码器相反，它通过连续的转置卷积（Transpose Convolution）层进行上采样，逐步将低维特征图恢复到原始图像的尺寸。每个转置卷积层的操作完成后，得到的特征图同样会执行非线性激活函数，以增强模型的非线性。解码器的目的是利用编码器生成的深层特征，生成与输入图像尺寸相同的结果，以便模型做出像素级的预测。

这里出现了一个新概念——转置卷积。转置卷积常用于图像生成任务、图像分割任务，它通过在输入特征图中插入数值 0，再应用卷积操作，放大特征图的尺寸。通过转置卷积将特征图尺寸放大一倍的示例如代码清单 2-8 所示。

代码清单 2-8

```python
import torch
import torch.nn as nn

# 创建一个转置卷积层实例
```

```
# 假设输入特征图的通道数为 128，输出特征图的通道数为 64
transpose_conv = nn.ConvTranspose2d(in_channels=128, out_channels=64, \
                    kernel_size=3, stride=2, padding=1, output_padding=1)

# 创建一个假设的输入特征图
# 假设批次大小为 1，通道数为 128，高度和宽度为 32px×32px
input_tensor = torch.randn(1, 128, 32, 32)

# 通过转置卷积层进行上采样
output_tensor = transpose_conv(input_tensor)

# 输出结果的尺寸
print("Output Tensor Shape:", output_tensor.shape)

# 输出结果为：Output Tensor Shape: torch.Size([1, 64, 64, 64])
```

代码清单 2-9 所示为 U-Net 模型的解码器代码实现。首先，定义一个名为 UpSample 的类，通过转置卷积层和 DoubleConv 类完成一次特征图上采样；然后，定义一个名 为 FinalConv 的类，用于将输出特征图的通道数调整为目标数值，例如对于图像分割任务，输出结果应该是一个三通道的图像；最后，定义 UNetDecoder 类，将 DoubleConv、UpSample 和 FinalConv 串联，形成完整的 U-Net 模型的解码器。

代码清单 2-9

```
class UpSample(nn.Module):
    """上采样层"""
    def __init__(self, in_channels, out_channels):
        super(UpSample, self).__init__()
        self.up_conv = nn.ConvTranspose2d(in_channels , in_channels // 2,
                        kernel_size=2, stride=2)
        self.post_conv = DoubleConv(in_channels, out_channels)
    def forward(self, x, skip_x):
        x = self.up_conv(x)
        x = torch.cat([skip_x, x], dim=1)
        return self.post_conv(x)

class FinalConv(nn.Module):
    def __init__(self, in_channels, out_channels):
        super(FinalConv, self).__init__()
        self.final_conv = nn.Conv2d(in_channels, out_channels, kernel_size=1)
    def forward(self, x):
        return self.final_conv(x)

class UNetDecoder(nn.Module):
    def __init__(self, n_classes):
        super(UNetDecoder, self).__init__()
        self.n_classes = n_classes
        self.up1 = Up(512, 256)
        self.up2 = Up(256, 128)
        self.up3 = Up(128, 64)
        self.final_conv = FinalConv(64, n_classes)
    def forward(self, x4, x3, x2, x1):
        x = self.up1(x4, x3)
```

```
        x = self.up2(x, x2)
        x = self.up3(x, x1)
        output = self.final_conv(x)
        return output
```

　　将编码器的输出作为解码器的输入，这样便实现了一个用于图像分割任务的 U 形的全卷积神经网络。在这种结构的基础上，U-Net 模型还加入了跳跃连接。跳跃连接将编码器中的特征图与相应层级的解码器中的特征图连接在一起，这样解码器才能捕捉更丰富的细节信息，进一步提高网络性能。代码清单 2-10 组装了编码器、解码器和跳跃连接，形成了完整的 U-Net 模型。

代码清单 2-10

```
class FullUNet(nn.Module):
    def __init__(self, input_channels, num_classes):
        super(FullUNet, self).__init__()
        self.input_channels = input_channels
        self.num_classes = num_classes
        self.encoder1 = DoubleConv(input_channels, 64)
        self.encoder2 = DownSample(64, 128)
        self.encoder3 = DownSample(128, 256)
        self.encoder4 = DownSample(256, 512)
        self.decoder1 = Up(512, 256)
        self.decoder2 = Up(256, 128)
        self.decoder3 = Up(128, 64)
        self.classifier = OutConv(64, n_classes)
    def forward(self, input_tensor):
        # 编码器部分
        enc1 = self.encoder1(input_tensor)
        enc2 = self.encoder2(enc1)
        enc3 = self.encoder3(enc2)
        enc4 = self.encoder4(enc3)
        # 解码器部分，需要传入编码器的输出作为跳跃连接
        dec1 = self.decoder1(enc4, enc3)
        dec2 = self.decoder2(dec1, enc2)
        dec3 = self.decoder3(dec2, enc1)
        # 分类层
        output = self.classifier(dec3)
        return output

# 使用示例
# unet_model = FullUNet(n_channels=3, n_classes=2)
# sample_input = torch.randn(1, 3, 256, 256)
# 假设输入是一个 batch size 为 1 的 256x256 图像
# output = unet_model(sample_input)
# print(output.shape)
```

2.4.2　损失函数设计

　　对于图像分割任务，交叉熵损失函数是一种常用的损失函数。交叉熵损失函数被广泛用于图像分类任务，它能度量模型的预测标签分布与真实标签分布之间的差异。对于图像分类任务，只需要为整张图预测一个类别。而对于图像分割任务，每个像素

都需要进行分类，也就是判断这个像素属于哪个类别，因此，需要对图像中每个像素都计算交叉熵损失，用求均值或者求和的方式将这些交叉熵损失合并，得到最终的损失值。图像分类任务和图像分割任务中交叉熵损失函数的代码实现，如代码清单 2-11 所示。

代码清单 2-11

```
import numpy as np

def cross_entropy_classification(y_true, y_pred):
    """
    y_true: 真实标签。这是任务的真实结果，通常由人类标注或事先已知。
    对于图像分类任务（如猫、狗分类），y_true 可以是类别的索引或 one-hot 编码表示。
    y_pred: 预测标签。这是模型预测的结果。
    对于图像分类任务，y_pred 是一个概率分布向量，表示每个类别的预测概率。
    """
    # 数值稳定性处理，将预测标签限制在[1e-9, 1-1e-9]内
    y_pred = np.clip(y_pred, 1e-9, 1 - 1e-9)
    return -np.sum(y_true * np.log(y_pred))

def cross_entropy_segmentation(y_true, y_pred):
    """
    y_true: 真实标签。这是任务的真实结果，通常由人类标注或事先已知。
    对于图像分割任务（如语义分割），y_true 是一个二维或多维数组，
    是每个像素对应的类别索引或 one-hot 编码表示。
    y_pred: 预测标签。这是模型预测的结果。
    对于图像分割任务，y_pred 是一个三维数组，用于存储每个类别在每个像素的预测概率。
    """

    # 数值稳定性处理，将预测标签限制在[1e-9, 1-1e-9]内
    y_pred = np.clip(y_pred, 1e-9, 1 - 1e-9)
    num_classes, height, width = y_true.shape
    total_loss = 0

    for c in range(num_classes):
        for i in range(height):
            for j in range(width):
                total_loss += y_true[c, i, j] * np.log(y_pred[c, i, j])

    return -total_loss

# 示例代码（假设类别是经过 one-hot 编码的）
y_true_class = np.array([0, 1, 0])
y_pred_class = np.array([0.1, 0.8, 0.1])

y_true_segment = np.random.randint(0, 2, (3, 32, 32))
y_pred_segment = np.random.rand(3, 32, 32)

# 计算图像分类任务损失
classification_loss = cross_entropy_classification(y_true_class, y_pred_class)
# 计算图像分割任务损失
segmentation_loss = cross_entropy_segmentation(y_true_segment, y_pred_segment)

print("图像分类任务损失:", classification_loss)
print("图像分割任务损失:", segmentation_loss)
```

通过最小化交叉熵损失函数，可以训练 U-Net 模型以获取准确的像素级分类。在实际操作中，还可以使用其他损失函数，如 Dice 损失函数、交并比（Intersection over Union，IoU）损失函数等，衡量预测标签分布与真实标签分布之间的差异。这些损失函数各有优劣，可能在不同类型的任务中表现出不同的性能。在选择损失函数时，需要考虑实际任务的特点。例如，在医学图像分割任务中，目标区域（如肿瘤）通常比背景（如健康组织）小得多，这会导致数据不平衡，可以使用 Dice 损失函数；如果目标区域的形状和大小在图像中有很大变化，可以使用更善于捕捉目标区域整体形状的 IoU 损失函数。

2.4.3　应用于扩散模型

U-Net 模型的应用非常广泛，除了图像分割任务，它还被广泛应用于图像超分辨率任务、图像风格化任务、图像生成任务等。例如，在图像超分辨率任务中，U-Net 模型的输入是低分辨率图像，输出是高分辨率、高质量的图像；在图像风格化任务中，U-Net 模型的输入是原始图像，输出是具有特定艺术风格的图像。

在扩散模型的反向去噪过程中，U-Net 模型同样至关重要。它被用于预测每个时间步中应该从噪声数据中去除的噪声，从而逐步重建出原始图像。这里的关键在于，U-Net 模型需要根据当前的加噪后的图像和当前时间步编码来预测原始数据的条件概率分布。训练一个实现图像生成的扩散模型，本质上就是优化 U-Net 模型的参数。

U-Net 模型属于传统卷积神经网络结构。有意思的是，学者们也在试图替代扩散模型中的 U-Net 模型的结构，例如 2022 年 12 月美国加利福尼亚大学伯克利分校的学者提出了使用纯粹的 Transformer 结构替代 U-Net 模型的结构。擅长处理序列数据的 Transformer 模型，凭借其能够在输入和输出时保持相同的"分辨率"（序列长度保持不变），成了扩散模型中 U-Net 模型的结构的有前景的替代方案。2024 年 2 月，OpenAI 推出的视频生成模型 Sora 和 Stability AI 推出的最新一代"文生图"模型 Stable Diffusion 3 使用的噪声预测模型的结构正是 Transformer 结构。

2.5　扩散模型的采样器

对于扩散模型中 U-Net 模型预测的噪声，并不能通过简单的"减去"操作来完成去噪，而是要使用名为采样器的模块。对于背后的原因可以这样理解：U-Net 模型预测出的噪声是基于对整个数据分布的学习得出的，由于存在预测误差，直接用预测噪声进行"减去"操作可能导致生成的图像偏离原始数据的条件概率分布。而使用采样器，可以在多次迭代中对生成的图像进行逐渐调整，更精确地逼近原始数据的条件概率分布。

在常见的基于扩散模型的图像生成软件中，采用了十余种不同的采样器（这个数量还在不断增加），例如经典的 DDPM、快速的去噪扩散隐式模型（Denoising Diffusion Implicit Model，DDIM）等。每种采样器都基于其独特的数学基础，这直接影响了它们在图像生成任务的生成速度和生成质量。本节围绕 DDPM 采样器展开，重点讨论它的原理和如何选择合适的采样器。

2.5.1　采样器背后的原理

我们已经知道，加入噪声的过程，是从一张真实的图像开始，逐渐给它加入噪声。这个过程不是一步到位的，而是分为很多步，每步都加入一定的噪声。经过足够多的步骤，原始图像就变成了一片混乱的噪声，基本上看不出任何原始图像的痕迹了。图像的加噪过程是不需要用到采样器的。在去噪过程中，采样器的任务是逆转之前的加噪过程，逐步从噪声中恢复出原始图像。

在每一时间步 t，图像的加噪结果可以表示为式（2.1）。在去噪过程中，我们试图从 x_t（几乎是纯噪声图）逐步恢复出 x_0（一张清晰图像）。在这个过程中通过一个参数化的神经网络（如 U-Net、Transformer 等）预测每一时间步 t 中添加的噪声。

重点在于，我们不是直接从 x_t 预测 x_{t-1}，而是预测加入 x_t 中的噪声。预测噪声可以表示为式（2.5）：

$$\hat{\epsilon}_t = f_\theta(x_t, t) \tag{2.5}$$

其中，f_θ 是神经网络，θ 是网络参数，$\hat{\epsilon}_t$ 是预测的噪声。

为了从 x_t 计算出 x_{t-1}，首先将式（2.1）重新整理，得到式（2.6）：

$$x_{t-1} = \frac{x_t - \sqrt{1-\alpha_t}\,\hat{\epsilon}_t}{\sqrt{\alpha_t}} \tag{2.6}$$

这就是 2.3.2 节介绍的使用"减去"操作完成去噪。DDPM 采样器利用了条件概率分布和贝叶斯公式。每一去噪步骤实际上是基于条件概率分布来进行的，即在给定当前时间步编码和加噪后的图像的条件下，预测原始图像的条件概率分布。而以 U-Net 模型为代表的神经网络预测的噪声是条件概率分布的关键部分，它帮助采样器理解当前加噪后的图像与原始图像之间的关系。通过这些内容，DDPM 采样器能够在每个当前时间步 t 预测出在当前噪声水平下最有可能的原始图像的样子。

通过一系列数学上的变换和近似操作，最终得到 DDPM 采样器的数学公式，如式（2.7）所示：

$$x_{t-1} = \frac{1}{\sqrt{\alpha_t}}\left(x_t - \frac{1-\alpha_t}{\sqrt{1-\bar{\alpha}_t}}\,\hat{\epsilon}_t\right) + \sqrt{\beta_t}\,z \tag{2.7}$$

在式（2.7）表示的去噪步骤中，$\bar{\alpha}_t$ 和 α_t 起到了调节去噪程度的作用，确保在每步正确"减去"噪声。这个逐步去噪和重建图像的过程是 DDPM 采样器的核心，能够有效地从噪声中生成高质量的图像。在扩散模型中，U-Net 模型负责预测噪声，采样器负责"减去"噪声。反复迭代这个过程，就能从噪声图 x_t 得到 x_{t-1}，然后得到 x_{t-2}，最

终得到 x_0，也就是清晰可辨的图像。

如果遵循训练过程的逻辑进行采样，也就是每次去噪的间隔时间步是 1，那么在扩散模型中生成清晰图像需要进行 1000 步采样，也就是 U-Net 模型的运算要重复 1000 次。这种方法非常耗时且占用资源。实际上，如果使用一些"快速"的采样器，例如 DDIM 采样器、Euler a 采样器等，只需要进行 20～30 步采样就能得到清晰的图像。以 20 步采样为例，模型每次去噪的间隔时间步是 50，相当于一次去除 50 步噪声，以跳跃的形式生成清晰的图像 x_0。因此，较少的步数意味着每个去噪过程的间隔时间步较大。这种方法可以更高效地生成清晰图像，减少了计算量和时间消耗。

那么间隔时间步大的采样器如何更快实现这个过程呢？其实答案并不神秘。学术界发现，这一工程问题经过数学形式化处理，本质上是求解随机微分方程（Stochastic Differential Equation，SDE）和常微分方程（Ordinary Differential Equation，ODE）的问题。

随机微分方程描述的是一种或多种随机因素影响系统的情况，系统的行为带有随机性。一个典型的例子是布朗运动，即液体中的微小颗粒由于受到来自各个方向的随机碰撞，其运动轨迹变得难以预测。对于以随机微分方程为基础的采样器，每步采样的结果具有一定的随机性。

相对地，常微分方程描述的是只含单一自变量的连续变化系统，系统状态转移是确定的，没有随机性。一个典型的例子是热传导现象，因为在确定的条件（如初始温度、边界条件、系统物理性质等）下，热量在物体中的传递过程是可以预测的。简而言之，随机微分方程研究的是随机性系统，常微分方程研究的是确定性系统。对于以常微分方程为基础的采样器，每步采样的结果是确定的。

2.5.2　如何选择采样器

在扩散模型的采样过程中，不同的采样器代表了不同的数学假设和设计理念，其中 DDPM 采样器仅是众多选项中的一种。除了 DDPM 采样器，还有 Euler a 采样器、DPM 采样器、DDIM 采样器等经常被讨论。

以"a"结尾的采样器，如 Euler a、DPM2 a、DPM++ 2S a，都属于祖先采样器（Ancestral Sampler）。这类采样器在每步采样中会向当前时间步的图像加入噪声，旨在增强生成图像的多样性，但同时也会引入一定的随机性。

名称中带有"Karras"的采样器，如 LMS Karras、DPM2 Karras 等，它们的共同点是使用了"Elucidating the Design Space of Diffusion-Based Generative Models"一文中推荐的噪声策略。这个策略本质是在去噪过程接近结束时，将去噪间隔时间步变小。该论文的实验表明这种策略可以提升生成图像的质量。

名称中带有"DPM"的采样器，如 DPM、DPM++、DPM2 Karras 等，通常具有不错的图像生成质量。扩散概率模型（Diffusion Probabilistic Model，DPM）采样器在 2022

年被提出，从名称就能看出，这类采样器是专门为扩散模型设计的。

DDPM 采样器和 DDIM 采样器由于在生成速度和图像质量方面没有优势，通常被认为已经过时。

在实际应用中，选择合适的采样器需根据特定需求，综合考虑生成速度、图像质量、稳定性和可复现性，以及结果多样性等因素，如表 2-2 所示。

表 2-2 采样器选择原则

考虑因素	选择原则	采样器推荐
生成速度	考虑选择设计了优化路径以减少采样步骤的采样器	DPM++ 2M Karras
图像质量	考虑选择能够生成高质量细节图像的采样器	DPM2 Karras
稳定性和可复现性	避免选择引入较多随机性的采样器，如以随机微分方程为基础的采样器	DDPM、DDIM
结果多样性	考虑选择祖先采样器，在每步采样中加入噪声来增强输出的多样性	Euler a、DPM2 a、DPM++ 2S a

可见，若同时追求生成速度和图像质量，则优选 DPM++ 2M Karras 采样器，它可以在 20～30 步内完成采样；若要追求稳定性和可复现性，应避免选择以随机微分方程为基础的采样器。

2.6 训练一个扩散模型

本节将通过以下两种方式训练一个全新的扩散模型。

（1）使用一个高度集成的 Python 库——denoising_diffusion_pytorch。

（2）使用一个很多开发者使用的 Python 库——diffusers。

denoising_diffusion_pytorch 库的设计初衷是让开发者和研究人员能够快速上手扩散模型的训练，无须深入了解其背后的复杂机制。它的特点包括高度集成的设计、简洁的应用程序接口（Application Program Interface，API），以及对初学者友好的使用体验，非常适合追求快速实现原型的用户使用。

相比之下，diffusers 库则提供了更多的灵活性和定制选项，允许用户深入探究和定制扩散模型的细节。diffusers 库则已经被广泛应用于图像生成项目，这表明了它具有强大的功能和灵活的定制能力，这是本书特别推荐它的原因之一。

2.6.1 初探扩散模型：轻松入门

使用 denoising_diffusion_pytorch 库训练扩散模型，我们需要准备 Python 环境，确保环境中安装了 Python 3.6 或更高版本的 Python。使用如下命令安装 denoising_diffusion_pytorch 库：

```
pip install denoising_diffusion_pytorch
```

　　这个库中提供了 U-Net 模型和扩散模型两个封装好的模块。可以通过两行指令创建 U-Net 模型，并基于创建好的 U-Net 模型创建一个完整的扩散模型，同时指定图像尺寸和总加噪步数，创建过程如代码清单 2-12 所示。

代码清单 2-12

```
from denoising_diffusion_pytorch import UNet, GaussianDiffusion
import torch

# 实例化一个 U-Net 模型，设置基础维度和不同层级的维度倍数
model = UNet(
    dim = 64,
    dim_mults = (1, 2, 4, 8)
).cuda()

# 实例化一个高斯扩散模型，配置其底层使用的 U-Net 模型、图像尺寸和总加噪步数
diffusion = GaussianDiffusion(
    model,
    image_size = 128,
    timesteps = 1000    # 总加噪步数
).cuda()
```

　　创建模型后，需要准备一个图像数据集用于扩散模型的训练。在代码清单 2-13 中，我们随机初始化 8 张图像，并分别通过前向推理和反向传播完成扩散模型的一次训练。

代码清单 2-13

```
# 使用随机初始化的图像进行一次训练
training_images = torch.randn(8, 3, 128, 128)
loss = diffusion(training_images.cuda())
loss.backward()
```

　　如果想用自己本地的图像，而非随机初始化的图像，可以参考代码清单 2-14。

代码清单 2-14

```
from PIL import Image
import torchvision.transforms as transforms
import torch
# 预设一个变换操作，将 PIL Image 转换为 PyTorch Tensor，并对其进行归一化
transform = transforms.Compose([
    transforms.Resize((128, 128)),
    transforms.ToTensor(),
])
# 假设有一个列表，其中包含 8 张图像的路径
image_paths = ['path_to_your_image1', 'path_to_your_image2',
               'path_to_your_image3', 'path_to_your_image4',
               'path_to_your_image5', 'path_to_your_image6',
               'path_to_your_image7', 'path_to_your_image8']
# 使用列表压缩读取并处理这些图像
images = [transform(Image.open(image_path)) for image_path in image_paths]

'''将处理好的图像列表转换为一个 4D Tensor，注意 torch.stack 能够自动处理 3D Tensor 到
4D Tensor 的转换'''
```

```
training_images = torch.stack(images)
# 现在 training_images 中应该有 8 张 3×128×128 的图像
print(training_images.shape)  # torch.Size([8, 3, 128, 128])
```

训练完成后，可以直接使用得到的模型生成图像，如代码清单 2-15 所示。

代码清单 2-15

```
sampled_images = diffusion.sample(batch_size = 4)
```

由于此时的模型只训练了一步，模型的输出是纯粹的噪声图。

理解基本流程后，我们使用真实数据进行一次训练。以 oxford-flowers 数据集为例，先使用如下命令安装 datasets 工具包：

```
pip install datasets
```

使用代码清单 2-16 下载数据集，并将数据集中所有的图像单独存储为 PNG 格式，以方便查看，全部处理完成后可得到大概 8000 张图像。读者也可以在 Hugging Face 上挑选其他可下载的图像数据集。

代码清单 2-16

```
from PIL import Image
from io import BytesIO
from datasets import load_dataset
import os
from tqdm import tqdm

dataset = load_dataset("nelorth/oxford-flowers")

# 创建一个用于保存图像的文件夹
images_dir = "./oxford-datasets/raw-images"
os.makedirs(images_dir, exist_ok=True)

# 针对 oxford-flowers, 遍历并保存所有图像，整个过程持续 15 min 左右
for split in dataset.keys():
    for index, item in enumerate(tqdm(dataset[split])):
        image = item['image']
        image.save(os.path.join(images_dir, f"{split}_image_{index}.png"))
```

oxford-flowers 数据集包含的图像是不同花的图像，本节的目标便是从零开始训练一个扩散模型，这个模型可以从噪声出发，逐步去噪得到一朵花的图像。

至此已经完成了模型训练的准备工作，接下来进行模型训练，其过程如代码清单 2-17 所示。在实际训练过程中，可以根据图形处理单元（Graphics Processing Unit，GPU）情况调整训练的 batchsize（批次大小）。在深度学习中，批次大小是一个基本而重要的概念，它指的是每次训练过程中同时处理的数据样本数量。简而言之，就是每次输入模型多少张图像让它学习。想象这样的场景，扩散模型就像一位正在学习绘画的艺术家。如果 train_batch_size 是 1，那么每次只给这位艺术家一张图像来学习；如果 train_batch_size 是 10，那么每次就有 10 张图像供这位艺术家学习。train_batch_size 增大通常会使

模型的学习过程更稳定，但也会使用更多的计算资源，如 GPU 存储空间。

代码清单 2-17

```
import torch
from denoising_diffusion_pytorch import UNet, GaussianDiffusion, Trainer

model = UNet(
    dim = 64,
    dim_mults = (1, 2, 4, 8)
).cuda()

diffusion = GaussianDiffusion(
    model,
    image_size = 128,
    timesteps = 1000     # 总加噪步数
).cuda()

trainer = Trainer(
    diffusion,
    './oxford-datasets/raw-images',
    train_batch_size = 16,
    train_lr = 2e-5,
    train_num_steps = 30000,           # 总共训练 30000 步
    gradient_accumulate_every = 2,     # 梯度累积步数
    ema_decay = 0.995,                 # 指数滑动平均衰退参数
    amp = True,                        # 使用混合精度训练加速
    calculate_fid = False,             # 关闭 FID 评测指标计算，FID 用于评测生成质量
    save_and_sample_every = 5000       # 每隔 5000 步保存一次模型权重
)

trainer.train()
```

对于有 16 GB 显存的 V100 GPU，整个训练过程要持续 3～4 h。在整个训练过程中，每间隔 5000 步会保存一次模型权重，并利用当前权重进行图像的生成。图 2-19 所示为训练步数为 5000 和 30000 的扩散模型生成效果。

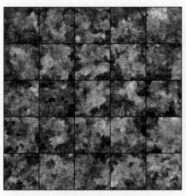

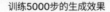

训练5000步的生成效果　　　　训练30000步的生成效果

图 2-19　不同训练步数下扩散模型的图像生成能力对比

可以看到，随着训练步数的增加，模型的图像生成能力在逐渐变强。

2.6.2　深入扩散模型：定制艺术

与 denoising_diffusion_pytorch 库的高度封装不同，diffusers 库允许开发者深入模型的每个环节，实现个性化的调整和优化。使用如下命令安装 diffusers 库：

```
pip install diffusers
```

同样使用 oxford-flowers 数据集进行训练，与 denoising_diffusion_pytorch 训练模式不同，在 diffusers 训练模式下，我们不需要将数据集转换为本地图像格式，直接使用 datasets 库加载数据集即可，如代码清单 2-18 所示。

代码清单 2-18

```
import torch
from datasets import load_dataset

# 加载数据集
config.dataset_name = "nelorth/oxford-flowers"
dataset = load_dataset(config.dataset_name, split="train")

# 将数据集封装成训练用的格式
train_dataloader = torch.utils.data.DataLoader(dataset,
                    batch_size=config.train_batch_size, shuffle=True)
```

为了提升模型的性能，可以对图像数据进行数据增广，如代码清单 2-19 所示。数据增广就是对图像数据进行一些随机左右翻转、随机颜色扰动等操作，目的是增强图像数据的多样性。这种技巧在深度学习中很常见。

代码清单 2-19

```
from torchvision import transforms

preprocess = transforms.Compose(
    [
        transforms.Resize((config.image_size, config.image_size)),
        transforms.RandomHorizontalFlip(),
        transforms.ToTensor(),
        transforms.Normalize([0.5], [0.5]),
    ]
)
```

接下来实现 U-Net 模型，如代码清单 2-20 所示。代码中指定了 U-Net 模型的输入图像和输出图像的尺寸为 128px×128px，读者可以根据生成的目标图像的尺寸指定输入图像和输出图像的尺寸。

代码清单 2-20

```
from diffusers import UNet2DModel
model = UNet2DModel(
    sample_size=128,  # 目标图像的分辨率
```

```
    in_channels=3,    # 输入通道的数量,对于 RGB 图像,此值为 3
    out_channels=3,   # 输出通道的数量
    layers_per_block=2,  # 每个 U-Net 模型中使用的 ResNet 层的数量
    block_out_channels=(128, 128, 256, 256, 512, 512),  # 每个 U-Net 模型的输出通
道的数量
    down_block_types=(
        "DownBlock2D",   # 常规的 ResNet 下采样模块
        "DownBlock2D",
        "DownBlock2D",
        "DownBlock2D",
        "AttnDownBlock2D",   # 具有空间自注意力机制的 ResNet 下采样模块
        "DownBlock2D",
    ),
    up_block_types=(
        "UpBlock2D",   # 常规的 ResNet 上采样模块
        "AttnUpBlock2D",   # 具有空间自注意力机制的 ResNet 上采样模块
        "UpBlock2D",
        "UpBlock2D",
        "UpBlock2D",
        "UpBlock2D"
    ),
)
```

可以看到,使用 diffusers 创建 U-Net 模型的步骤比使用 denoising_diffusion_pytorch 创建 U-Net 模型的步骤复杂很多,使用 diffusers 的好处是给工程师带来了更高的灵活性。在这段代码中,除了 2.4 节介绍的 U-Net 模型,还包含具有空间自注意力机制的下采样、上采样模块。引入注意力机制可以让图像的特征图进行充分融合。这部分细节可以暂时忽略,3.3 节会展开探讨注意力机制的实现原理。

处理完成数据集和 U-Net 模型后,接下来进入模型训练环节。式(2.2)提到,扩散模型训练时可以通过一次计算得到第 t 步的加噪结果,这个过程可以通过代码清单 2-21 实现。

代码清单 2-21

```
from diffusers import DDPMScheduler

noise_scheduler = DDPMScheduler(num_train_timesteps=1000)

# 一次加噪的计算
noise = torch.randn(sample_image.shape)
timesteps = torch.LongTensor([50])
noisy_image = noise_scheduler.add_noise(sample_image, noise, timesteps)
```

接着通过模型预测噪声,并计算损失函数,如代码清单 2-22 所示。

代码清单 2-22

```
import torch.nn.functional as F
noise_pred = model(noisy_image, timesteps).sample
loss = F.mse_loss(noise_pred, noise)
```

最后将各个模块串联,便可以得到代码清单 2-23 所示的基于 diffusers 库训练扩散模型的核心代码。

代码清单 2-23

```
for epoch in range(num_epochs):
    for step, batch in enumerate(train_dataloader):
        clean_images = batch['images']
        # 对应扩散模型训练过程：随机采样噪声
        noise = torch.randn(clean_images.shape).to(clean_images.device)
        bs = clean_images.shape[0]

        # 对应扩散模型训练过程：对 batch 中的每张图像，随机选取时间步 t
        timesteps = torch.randint(0, noise_scheduler.num_train_timesteps, (bs,),
                    device=clean_images.device).long()

        # 对应扩散模型训练过程：一次计算加噪结果
        noisy_images = noise_scheduler.add_noise(clean_images, noise, timesteps)

        with accelerator.accumulate(model):
            # 对应扩散模型训练过程：预测噪声并计算损失函数
            noise_pred = model(noisy_images, timesteps, return_dict=False)[0]
            loss = F.mse_loss(noise_pred, noise)
            accelerator.backward(loss)
            optimizer.step()
```

2.7　小结

从 VAE、GAN，到基于流的模型、扩散模型，再到自回归模型，本章首先介绍了每代图像生成模型。然后聚焦于"旧画师"GAN 和"新画师"扩散模型的技术细节，通过深入分析 GAN 及其变种（如 DCGAN、cGAN、wGAN、Pix2Pix），帮助读者建立对图像生成应用及其技术挑战的认知；扩散模型作为较新的技术，具有独特的加噪和去噪机制、训练与推理过程，本章通过将其与传统 GAN 进行比较，展示了其在图像生成领域的优势。

对扩散模型来说，噪声预测模型和采样器是核心模块。因此，本章详细介绍了 U-Net 模型的结构细节和代码实现，并以 DDPM 采样器为例揭示了采样器背后的数学原理，以及如何选择合适的采样器，以提升图像生成的质量和效率。最后，本章通过 denoising_diffusion_pytorch 库和 diffusers 库两种方式，从零开始完成了一个扩散模型的训练。

## 第 3 章

Stable Diffusion 的核心技术

2022 年 8 月，Stability AI 公司正式开源了 Stable Diffusion 模型。随后，开源社区出现了多样化的图像生成模型，同时，以图像生成为主要业务的创业公司也如雨后春笋般涌现。如果第 2 章讨论的扩散模型代表的是一项技术，本章要讨论的 Stable Diffusion 则代表一系列具体的模型。

本章聚焦 Stable Diffusion 模型的技术原理与实现，主要讨论以下 4 个问题。

- Stable Diffusion 的关键模块 VAE 背后的技术原理是什么？

- Stable Diffusion 的关键模块 CLIP 如何连接图文模态？

- 自注意力、交叉注意力机制的基本原理是什么？

- 从扩散模型到 Stable Diffusion 是如何演化的？

3.1 图像的"压缩器"VAE

原始扩散模型的加噪、去噪过程是在图像空间完成的，例如希望生成 512px×512px 的图像，每步加入或者去除的噪声也是相同的尺寸。这样的处理方式虽然直观，但伴随着一些限制和挑战。以生成高分辨率图像为例，直接在图像空间进行操作意味着需要处理大量的像素信息，不仅提高了计算的复杂性，还可能导致生成过程中出现细节丢失和效率下降的情况。

在 Stable Diffusion 中，所有的去噪和加噪过程并不是在图像空间完成的，而是选择了一个特殊空间来完成。VAE 模型的作用便是将图像"压缩"到特殊空间，这个空间是一个更为抽象和压缩的表示形式，它能够捕捉到数据的核心特征，而不是简单的像素值。之后，VAE 还能便捷地将图像从特殊空间"解压"到图像空间。由于这个特殊空间的"分辨率"低于图像空间的"分辨率"，可以在特殊空间内快速完成加噪和去噪的任务，使得生成高分辨率的图像变得更可行。

通过引入 VAE 模型，Stable Diffusion 不仅继承了传统扩散模型的强大能力，还拥有了更强的灵活性和创造性，在 AIGC 领域成为一种更为强大和具有创新性的工具。接下来，本节将深入探讨 VAE 的技术原理，以及它是如何在 Stable Diffusion 中发挥关键作用的。

3.1.1　从 AE 到 VAE

VAE 在 2013 年被提出，它是自编码器（Autoencoder，AE）的一种扩展。除了 VAE，去噪自编码器（Denoising Autoencoder，DAE）、掩码自编码器（Masked Autoencoder，MAE）、向量量化变分自编码器（Vector Quantised-Variational Autoencoder，VQ-VAE）等都是 AE 的扩展，它们的结构中都包含一个编码器和一个解码器。

无论是最初的 AE，还是后来提出的 DAE、VAE，都希望编码器将原始数据编码成潜在表示，并且这个潜在表示可以通过解码器近乎无损地恢复出原始数据。这里的原始数据，可以是图像、文本等多种模态的数据。使用 AE 压缩和恢复图像的过程，如图 3-1 所示。

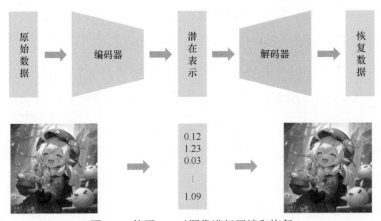

图 3-1　使用 AE 对图像进行压缩和恢复

对于基于扩散模型技术的图像生成任务，潜在空间的维度通常是原始图像尺寸的 1/8。例如，原始图像的尺寸如果是 512px×512px，潜在空间的维度是 64×64。在维度是 64×64 的潜在空间内进行加噪和去噪，自然比在高维度的图像空间内进行加噪和去噪快得多。对于得到的去噪后的潜在表示，只需要使用解码器对其进行处理便可以获得最终输出图像。

VAE 是从 AE 演化而来的。AE 使用无监督的方式进行训练，以图像生成任务为例，使用大量的图像数据，依次经过编码器和解码器压缩和恢复图像，训练目标是最小化恢复数据与原始数据之间的误差。实际操作中，损失函数可以是 L1 损失或者 L2 损失。代码清单 3-1 所示为 AE 的训练过程。

代码清单 3-1

```
for epoch in range(epochs):
    for batch in dataset_loader.get_batches(training_data, batch_size):

        # 清零梯度
        optimizer.zero_grad()

        # 将本批次数据传递给 AE
        encoded_data = autoencoder.encode(batch)
        reconstructed_data = autoencoder.decode(encoded_data)

        # 计算损失，例如使用 L2 损失
        loss = loss_function(reconstructed_data, batch)

        # 反向传播
        loss.backward()

        # 更新参数
        optimizer.step()
```

因为损失函数的计算只依赖于输入数据本身，而不涉及任何标签或类别信息，所以 AE 是经典的无监督学习范式。AE 虽然可以对数据降维，但其存在以下两个明显缺点。

- 缺点 1：潜在表示缺乏直接的约束，其在潜在空间中是一个个孤立的点。如果对于输入图像的潜在表示稍加扰动，例如加入一个标准高斯噪声，解码器便会输出无意义的图像。

- 缺点 2：潜在表示难以解释和编辑。例如想得到 "半月" 图像的潜在表示，但现在只有 "满月" 和 "新月" 图像，那么我们自然就会觉得，"满月" 和 "新月" 的中间状态应该是 "半月" 状态，而 "满月" 和 "新月" 图像对应的潜在表示分别是潜在空间中的一个点。如果对这两个点取均值，也就是对潜在表示进行插值操作，是不是就会得到一个新的潜在表示，用于代表 "半月" 图像的信息？接着把这个新的潜在表示给解码器，是不是就可以输出 "半月" 图像了？从逻辑推导上看，这样的思考似乎没问题，但将插值后的潜在表示给 AE 的解码器后会发现，甚至无法得到一张有意义的图像。

针对缺点 1，DAE 的改进方式就是在输入数据中加入噪声，使得到的潜在表示具有更强的鲁棒性，训练目标仍然是最小化恢复数据与加入噪声前的原始数据之间的误差。DAE 的训练过程如代码清单 3-2 所示。DAE 只是改进了 AE 的表现，并没有彻底解决 AE 的根本缺陷。

代码清单 3-2

```
# 加入噪声函数
def add_noise(data, factor):
    noise = factor * np.random.normal(size=data.shape)
    noisy_data = data + noise
    return noisy_data.clip(0, 1)
```

```
# 开始训练循环
for epoch in range(epochs):
    for batch in dataset_loader.get_batches(training_data, batch_size):

        # 给本批次数据加入噪声
        noisy_batch = add_noise(batch, noise_factor)

        # 清零梯度
        optimizer.zero_grad()

        # 将带噪声的本批次数据传递给 DAE
        encoded_data = denoising_autoencoder.encode(noisy_batch)
        reconstructed_data = denoising_autoencoder.decode(encoded_data)

        # 计算损失
        loss = loss_function(reconstructed_data, batch)

        # 反向传播
        loss.backward()

        # 更新参数
        optimizer.step()
```

　　真正克服 AE 的两大明显缺点的工作就是 VAE。在 VAE 中，编码器的输出不再是潜在表示，而是某种已知概率分布的参数，例如高斯分布的均值 μ 和对数方差 σ^2。根据均值、方差和一个高斯噪声 $\varepsilon \sim N(\boldsymbol{0}, \boldsymbol{I})$，便可以根据式（3.1）计算最终的潜在表示，并将其输入解码器。

$$z = \mu + \sigma \times \varepsilon \tag{3.1}$$

　　VAE 计算潜在表示的过程使用的便是大名鼎鼎的重参数化（Reparameterization）技巧，它可以解决梯度不能直接通过随机采样操作进行传播的问题。具体来说，VAE 的编码器输出高斯分布的均值和方差，然后随机采样的噪声和这两个参数按照式（3.1）的方式得到潜在空间中的一个点。这样做的好处是，尽管 ε 的采样过程是随机的且不可导的，但是 μ 和 σ 是由神经网络生成的，因此梯度可以通过这些参数反向传播回神经网络，从而实现网络参数的优化。对于 VAE 压缩和恢复图像的过程，可以回顾图 2-1。

　　那么，VAE 训练的目标函数是什么呢？除了应包含 AE 中的重构数据与原始数据之间的误差，还需要对均值 μ 和方差 σ^2 进行约束，希望预测的分布趋近于标准高斯分布。

　　VAE 的训练过程，如代码清单 3-3 所示。

代码清单 3-3

```
# 定义损失函数
def loss_function(reconstructed_data, original_data, mean, log_variance):
    reconstruction_loss = mean_squared_error(reconstructed_data, original_data)
    kl_loss = -0.5 * torch.sum(1 + log_variance - mean.pow(2) - log_variance.exp())
    total_loss = reconstruction_loss + kl_loss
```

```
    return total_loss

# 定义优化器（如梯度下降优化器）
optimizer = optimizer.Adam(variational_autoencoder.parameters(), lr=learning_rate)

# 开始训练循环
for epoch in range(epochs):
    for batch in dataset_loader.get_batches(training_data, batch_size):

        # 清零梯度
        optimizer.zero_grad()

        # 将本批次数据传递给 VAE
        mean, log_variance = variational_autoencoder.encode(batch)

        # 重参数化技巧
        z = mean + torch.exp(log_variance * 0.5) * torch.randn_like(log_variance)

        # 解码
        reconstructed_data = variational_autoencoder.decode(z)

        # 计算损失
        loss = loss_function(reconstructed_data, batch, mean, log_variance)

        # 反向传播
        loss.backward()

        # 更新参数
        optimizer.step()
```

可以看到，代码中同时使用了重构损失和 KL 散度（Kullback-Leibler Divergence）损失来训练 VAE。通过这种方式，VAE 不仅能够学习有效地编码输入数据，还能确保其生成的新数据在质量上是可接受的。

KL 散度是一种衡量两个概率分布差异的方法。具体来说，如果我们有两个概率分布 P 和 Q，KL 散度衡量的是使用 Q 来近似 P 时信息损失的程度。在数学上，KL 散度的定义为式（3.2）：

$$D_{\mathrm{KL}}(P \| Q) = \sum_{x \in \mathbb{R}} P(x) \ln\left(\frac{P(x)}{Q(x)}\right) \tag{3.2}$$

其中，$P(x)$ 是真实分布，在 VAE 训练任务中便是编码器预测的潜在空间分布，由均值 $\boldsymbol{\mu}$ 和方差 $\boldsymbol{\sigma}^2$ 表示。$Q(x)$ 是近似分布，在 VAE 训练任务中为标准高斯分布。

标准高斯分布 $N(\mathbf{0}, \boldsymbol{I})$ 和 VAE 预测的分布 $N(\boldsymbol{\mu}, \boldsymbol{\sigma}^2)$ 之间的 KL 散度公式如式（3.3）所示：

$$D_{\mathrm{KL}}(N(\boldsymbol{\mu}, \boldsymbol{\sigma}^2) \| N(\mathbf{0}, \boldsymbol{I})) = \int_{-\infty}^{\infty} p(\boldsymbol{x}) \ln\left(\frac{p(\boldsymbol{x})}{q(\boldsymbol{x})}\right) \mathrm{d}\boldsymbol{x} \tag{3.3}$$

其中，$p(\boldsymbol{x})$ 是 $N(\boldsymbol{\mu}, \boldsymbol{\sigma}^2)$ 的概率密度函数，即：

$$p(\boldsymbol{x}) = \frac{1}{\sqrt{2\pi\sigma^2}} e^{-\frac{(x-\mu)^2}{2\sigma^2}} \tag{3.4}$$

而 $q(\boldsymbol{x})$ 是标准高斯分布 $N(\boldsymbol{0}, \boldsymbol{I})$ 的概率密度函数，即：

$$q(\boldsymbol{x}) = \frac{1}{\sqrt{2\pi}} e^{-\frac{x^2}{2}} \tag{3.5}$$

将式（3.4）和式（3.5）代入式（3.3）并化简，可以得到式（3.6）：

$$D_{\mathrm{KL}}(N(\boldsymbol{\mu}, \sigma^2) \| N(\boldsymbol{0}, \boldsymbol{I})) = \frac{1}{2}(\sigma^2 + \mu^2 - 1 - \ln\sigma^2) \tag{3.6}$$

其中，$D_{\mathrm{KL}}(N(\boldsymbol{\mu}, \sigma^2) \| N(\boldsymbol{0}, \boldsymbol{I}))$ 对应代码清单 3-3 中的 `kl_loss`。

通过这样的训练方式，VAE 的潜在空间是连续的且有意义的，这意味着相近的点在潜在空间中应该被解码成在视觉上相似的图像。VAE 技术在很多领域得到了成功应用，它作为生成模型，可以用于图像生成、餐厅评论机器人等场景；作为特征提取模型，可以用于扩散模型的加速、聚类分析和异常检测等场景。

3.1.2　图像插值生成

VAE 不仅可以有效地压缩和恢复图像，它得到的潜在表示还可以进行插值编辑。代码清单 3-4 首先读取了两张不同月相的图像，然后使用 VAE 对这两张图像分别提取潜在表示，并将潜在表示通过 VAE 解码器恢复成图像。图 3-2 所示为原始图像与 VAE 恢复图像的对比。

代码清单 3-4

```
from PIL import Image
import numpy as np
import torch
from diffusers import AutoencoderKL

device = 'cuda'

# 加载 VAE 模型
vae = AutoencoderKL.from_pretrained(
    'CompVis/stable-diffusion-v1-4', subfolder='vae')
vae = vae.to(device)

pths = ["test_imgs/new.png", "test_imgs/full.png"]
for pth in pths:
    img = Image.open(pth).convert('RGB')
    img = img.resize((512, 512))
    img_latents = encode_img_latents(img) # 编码, img_latents 的维度是[1,4,64,64]
    dec_img = decode_img_latents(img_latents)[0] #解码
```

直观上看，VAE 几乎 100%恢复了图像。在代码清单 3-4 中，潜在表示（对应变量 img_latents）的"宽高"只有原始图像的 1/8（原始图像经缩放处理后分辨为 512px×512px，潜在表示的分辨率为 64px×64px），可见 VAE 编码器对原始数据的压缩能力很强。

（a）"新月"原始图像（左）与 VAE 恢复图像（右）

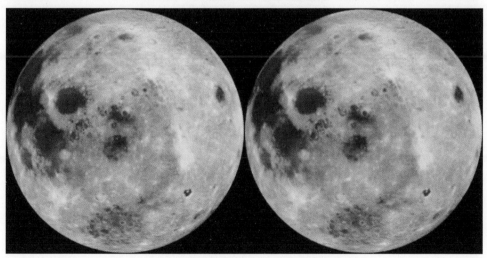

（b）"满月"原始图像（左）与 VEA 恢复图像（右）

图 3-2　原始图像与 VAE 恢复图像的对比

代码清单 3-5 将"新月"图像和"满月"图像的潜在表示进行数值上的插值处理，并将插值后的潜在表示经过 VAE 解码器处理为图像，如图 3-3 所示。

代码清单 3-5

```
num_steps = 4 # 插值得到中间的 2 张图像
interpolation_weight = np.linspace(0, 1, num_steps)
for weight in interpolation_weight:
    interval_latents = (1 - weight) * all_img_latents[0] + \
                       weight * all_img_latents[1]
    dec_img = decode_img_latents(interval_latents)[0]
```

图 3-3　使用 VAE 在潜在空间上进行插值处理

可以看到，插值的结果是在视觉上合理的图像。这个例子便体现了 VAE 作为图像生成模型的能力。

同样，如果使用一系列"二次元"头像训练 VAE，通过使用 VAE 在潜在空间上进行插值处理，便可以生成全新的"二次元"头像效果。这种方法可以用于各种图像生成任务，特别适用于需要平滑过渡或探索新图像可能性的任务。

3.1.3　训练"餐厅评论机器人"

VAE 可以用于自然语言处理任务，例如用于带情感倾向的评论生成等任务。假设有一个餐厅评论数据集（包含正面评论和负面评论），可以使用时序模型（区别于处理图像的卷积神经网络），如递归神经网络（Recurrent Neural Network，RNN）、长短期记忆（Long Short-Term Memory，LSTM）、Transformer 等，设计 VAE 的编码器，得到潜在表示，然后把潜在表示与特定情感信息（如正面评论或负面评论）一起传递至解码器进行训练。

训练完成后，便得到了一个能够控制情感倾向的餐厅评论生成模型。其中，训练用的数据，可以考虑用 ChatGPT 生成。训练"餐厅评论机器人"的代码如代码清单 3-6 所示。

代码清单 3-6

```python
# 导入所需的库
import torch
from torch import nn
from torch.nn import functional as F

# 定义 VAE 模型
class SentimentVAE(nn.Module):
    def __init__(self, input_dim, hidden_dim, latent_dim, sentiment_dim):
        super(SentimentVAE, self).__init__()

        # 对于编码器，可以使用 RNN、LSTM 和 Transformer 等时序模型进行设计
        self.encoder = nn.LSTM(input_dim, hidden_dim)

        # 将编码器的输出转换为潜在空间的均值和方差
        self.fc_mu = nn.Linear(hidden_dim, latent_dim)
        self.fc_var = nn.Linear(hidden_dim, latent_dim)
```

```python
    # 解码器
    self.decoder = nn.LSTM(latent_dim + sentiment_dim, hidden_dim)

    # 最后的全连接层
    self.fc_output = nn.Linear(hidden_dim, input_dim)

def reparameterize(self, mu, log_var):
    std = torch.exp(0.5*log_var)
    eps = torch.randn_like(std)
    return mu + eps*std

def forward(self, x, sentiment):
    # 编码器
    hidden, _ = self.encoder(x)

    # 得到潜在空间的均值和方差
    mu, log_var = self.fc_mu(hidden), self.fc_var(hidden)

    # 重参数化技巧
    z = self.reparameterize(mu, log_var)

    # 将潜在表示和情感信息拼接
    z = torch.cat((z, sentiment), dim=1)

    # 解码器
    out, _ = self.decoder(z)
    out = self.fc_output(out)

    return out, mu, log_var
```

3.1.4 VAE 和扩散模型

既然原始的扩散模型在原始图像上进行加噪、去噪操作非常耗时,并且 VAE 具备良好的压缩、恢复能力,为什么不在 VAE 的潜在空间进行加噪、去噪操作呢?事实上,Stable Diffusion 就是这样做的。将 VAE 的潜在空间用于扩散模型的方案,如图 3-4 所示。

图 3-4 将扩散模型与 VAE 相结合

实际使用中 VAE 是经过预训练的,训练和微调扩散模型并不会改变 VAE 的模型权重,但这并不意味着 VAE 对图像质量没有影响。VAE 代表了以 Stable Diffusion 为代表的"潜在空间"扩散模型的生成质量上限。根据"新月"图像和"满月"图像生成"半月"图像的例子,看似表明了 VAE 的图像恢复能力较强,可以几乎无损地恢复图像,但如果面对更复杂的场景,VAE 恢复的图像会存在明显的瑕疵,例如图像中包含复杂的纹理信息、图像中包含较小的人脸区域等场景。

这很容易理解，因为输入图像经过 VAE 编码器后，尺寸通常会降低到原来的 1/8。512px×512px 的图像的潜在表示只有 64px×64px。在如此小的潜在表示上恢复人脸细节确实是一项挑战。所以，当 Stable Diffusion 模型出现生成小脸图像效果不佳的问题时，很可能是因为 VAE 解码器本身无法恢复高清的小脸图像。

如何解决这个问题呢？最直接的方法之一是，用更高质量的图像训练 VAE，或者提高 VAE 潜在表示的尺寸。

3.2　让模型"听话"的 CLIP

最初的扩散模型只能从噪声出发生成一张图像，这个过程类似于"开盲盒"。如何让扩散模型"听懂"用户的文本描述呢？最常用的方法之一是引入一个文本编码器，将文本描述的特征"注入"U-Net 模型。

本节要讨论的 CLIP 模型就是"文生图"常用的工具，它可以用来理解用户给模型的文本描述，并将文本描述编码为模型能理解的"语言"。

3.2.1　连接两种模态

CLIP 模型的初衷并不是帮助 AI 图像生成模型理解文本描述，而是用于连接图像和文本这两种模态。如今，随着 AIGC 技术的爆发，CLIP 模型在多模态生成模型（如 Stable Diffusion）、多模态理解模型（如 GPT-4V）等模型上发挥了巨大作用。

在自然语言处理领域，早在 2020 年，OpenAI 便已经发布了 GPT-3 技术，证明了使用海量互联网数据得到的预训练模型可以用于各种文本模态的任务，例如文本分类、机器翻译、文本情感分析、文本问答等，GPT-3 的工作直接衍生出后来备受欢迎的 ChatGPT。

那时在计算机视觉领域里，最常见的训练模式之一还是使用各种各样既定任务的数据集，通过标注员的标注获得训练样本，再针对特定任务来训练。例如我们熟知的图像分类数据集 ImageNet-21k，就包括 2 万多个类别和超过 1400 万个图像样本。图像模态的任务成千上万，催生了各式各样的数据集，如用于图像分类、图像目标检测、图像分割、图像生成等的数据集。不过，在每个数据集上训练得到的模型通常只能完成特定的任务，无法推广到其他任务。

将 GPT-3 的经验迁移到图像领域，使用海量互联网数据训练一个大模型，以便能够同时很好地支持各种图像模态的任务，如图像分类、文字识别和视频理解等，这就是 CLIP 模型的目的。要达成这个目的，有两个关键问题需要解决，一是如何利用海量的互联网数据，二是如何训练一个这样的模型。

为了解决如何利用海量的互联网数据的问题，OpenAI 选定了 50 万条不同的查询请求，从互联网上获取了 4 亿个图像-文本对，其来源包括谷歌等搜索引擎和推特等垂直领域的社区。这些数据不需要人工标注，例如在任意搜索引擎中搜索的图像都会自带文本描述。图像自带的文本描述与图像具有较强的语义一致性，图像-文本对应得比较好。这种关联信息就是用于训练的监督信号。

互联网中存在已经标注好的图文数据集，而且其数据量每天还在飞速增加。此外，使用互联网数据的另一个优势是它具有很好的多样性，包含各种各样的图像内容，因此训练得到的模型自然就可以迁移到各种各样的场景。在 CLIP 模型被提出的 2021 年，4 亿个图像-文本对是一个很大的数据集。技术发展到今天，用于训练各种多模态模型的数据量早已突破 10 亿大关，例如人们常说的 LAION-5B 数据集，它包括 58.5 亿个图像-文本对。

海量的图像-文本对成为我们要用的监督信号，现在还需要解决第二个问题——这些数据如何用于模型训练？

CLIP 通过巧妙的设计利用了图像模态和文本模态的对应关系。CLIP 分别构造了一个图像编码器和一个文本编码器，将图像及其文本描述映射到一个特征空间，例如可以映射到维度为 512 的特征空间。简而言之，一张图像或者一个文本描述，经过映射都变成 512 个浮点数。

此时，需要设计一个监督信号，利用图像-文本对的关系，驱动两个编码器学习如何有效地提取特征。实现这些操作的思路是对比学习。具体来说，可以计算图像特征向量和文本特征向量之间的余弦距离，余弦距离的范围是−1～1，余弦距离越大表示两个向量越接近。CLIP 的训练目标是让对应的图像、文本特征向量接近，也就是余弦距离越大越好，让不对应的图像、文本特征向量远离，也就是余弦距离尽可能小。CLIP 图像编码器和文本编码器通过对比学习进行模型训练的过程，如图 3-5 所示。

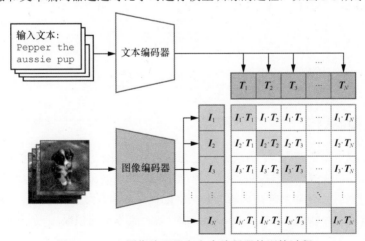

图 3-5　CLIP 图像编码器和文本编码器的训练过程

CLIP 训练过程可以分为提取特征、映射和归一化、计算距离，以及计算损失。

（1）使用图像编码器提取图像特征，使用文本编码器提取文本特征（分别对应代码清单 3-7 中的 `I_f` 和 `T_f`）。

（2）分别引入一个线性映射（分别对应代码清单 3-7 中的 `W_i` 和 `W_t`），将图像特征和文本特征分别映射到共同的多模态空间；然后将映射后的特征向量分别进行归一化，归一化后的特征向量的平方和等于 1。

（3）计算这批图文归一化特征向量两两之间的余弦距离，然后乘一个与温度系数相关的数值项。这里的温度系数是一个可学习的参数。

（4）通过交叉熵损失函数计算损失。

CLIP 训练过程的代码如代码清单 3-7 所示。

代码清单 3-7

```
# image_encoder: 图像编码器，可以使用 ResNet 或者 Vision Transformer 结构
# text_encoder:文本编码器，可以使用 CBOW（Continuous Bag of Words）或者 Text Transformer 结构
# I[n, h, w, c]: 一个训练批次的图像
# T[n, l]: 一个训练批次的对应文本描述
# W_i[d_i, d_e]: 可学习的图像特征映射
# W_t[d_t, d_e]: 可学习的文本特征映射
# t: 一个可学习的温度系数

# 步骤 1: 提取图像模态和文本模态的特征
I_f = image_encoder(I) #[n, d_i]
T_f = text_encoder(T) #[n, d_t]

# 步骤 2: 将图像特征和文本特征分别映射到共同的多模态空间 [n, d_e]
# 同时，对这两个多模态特征向量进行归一化
I_e = l2_normalize(np.dot(I_f, W_i), axis=1)
T_e = l2_normalize(np.dot(T_f, W_t), axis=1)

# 步骤 3: 计算余弦距离 [n, n]
logits = np.dot(I_e, T_e.T) * np.exp(t)

# 步骤 4: 计算损失
labels = np.arange(n)
loss_i = cross_entropy_loss(logits, labels, axis=0)
loss_t = cross_entropy_loss(logits, labels, axis=1)
loss = (loss_i + loss_t)/2
```

3.2.2　跨模态检索

图像领域中最常见的下游任务之一便是图像分类任务。经典的图像分类任务通常需要使用人工标注的标签数据来训练，训练完成后只能区分训练时限定的类别。CLIP是使用 4 亿个图像-文本对样本训练的图文匹配模型，拥有海量的知识，可以通过跨模态检索的方式进行分类。具体来说，可以设计以下文本描述模板：

```
A photo of a <class>
```

其中，`class` 可以是 ImageNet 的既定类别，也可以是用户自定义的目标类别。假

设有 1000 个既定类别,复用上面的文本描述模板,可以得到 1000 个不同的文本描述。这 1000 个文本描述经过预训练的文本编码器处理后,便得到了 1000 个文本特征;对于输入图像,经过预训练的图像编码器处理后可以得到 1 个图像特征。

将 1 个图像特征和 1000 个文本特征线性映射、归一化后计算余弦距离,余弦距离最大的文本描述对应的类别便是 CLIP 模型预测的类别。在分类过程中,并没有针对 CLIP 图像编码器和文本编码器在数据集上进行微调,这种预测方式也被称为零样本(Zero-Shot)预测。同时,预测目标类别使用的方案并不是经典的图像分类方案,它更像图像检索方案,其检索的方式可以称为跨模态检索。图像检索方案的扩展性要强于图像分类方案,例如上面这个任务的候选类别是可以随意设计的。使用 CLIP 模型通过跨模态检索将图像分类的过程,如图 3-6 所示。

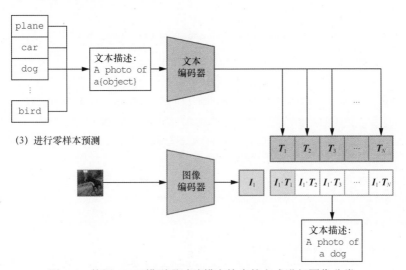

图 3-6 使用 CLIP 模型通过跨模态检索的方式进行图像分类

再以人脸识别为例，如果把人脸识别当作图像分类任务，那么每次系统中录入一张新的人脸图像，都需要将分类类别数加 1，然后重新训练模型；如果将人脸识别建模为图像检索任务，只需要像 CLIP 一样，对每张人脸图像提取一个特征，然后通过跨模态检索的方式进行身份定位即可，这样就不需要重新训练模型了。

要使用 OpenAI 训练的 CLIP 图像编码器和文本编码器，先要安装相应 CLIP 库。代码清单 3-8 的功能为使用 CLIP 模型通过跨模态检索的方式进行图像分类。

代码清单 3-8

```python
import torch
import clip
from PIL import Image
import urllib.request
import matplotlib.pyplot as plt

# 加载 CLIP 预训练模型
device = "cuda" if torch.cuda.is_available() else "cpu"
model, preprocess = clip.load("ViT-B/32", device=device)

# 定义目标类别
target_classes = ["cat", "dog"]

# 加载图像并对图像进行预处理
image_url = " http://www.***.com/test"
image_path = "test_image.png"
urllib.request.urlretrieve(image_url, image_path)
image = Image.open(image_path).convert("RGB")
image_input = preprocess(image).unsqueeze(0).to(device)

# 使用 CLIP 图像编码器对图像进行编码
with torch.no_grad():
    image_features = model.encode_image(image_input)

# 使用 CLIP 文本编码器对文本描述进行编码
text_inputs = clip.tokenize(target_classes).to(device)
with torch.no_grad():
    text_features = model.encode_text(text_inputs)

# 计算图像特征向量和文本特征向量的相似度分数
similarity_scores = (100.0 * image_features @ text_features.T).softmax(dim=-1)

# 获取相似度分数最大的文本特征向量，确定分类类别
_, predicted_class = similarity_scores.max(dim=-1)
predicted_class = predicted_class.item()

# 打印预测的类别
predicted_label = target_classes[predicted_class]

plt.imshow(image)
plt.show()
print(f"Predicted class: {predicted_label}")
print(f"prob: cat {similarity_scores[0][0]}, dog {similarity_scores[0][1]}")
```

3.2.3 其他 CLIP 模型

OpenAI 只开源了 CLIP 模型的权重，并没有开源对应的 4 亿个图像-文本对。后来的学者便开始复现 OpenAI 的工作，代表性的工作包括 OpenCLIP 和 Chinese CLIP。

OpenCLIP 基于 LAION 公司收集的 4 亿个开源图像-文本对数据训练而成，相当于对 OpenAI 的 CLIP 模型的复现。目前，OpenCLIP 模型使用的数据集 LAION-5B 是公开的，代码库 OpenCLIP 是开源的。

使用 OpenCLIP 模型前，需要安装对应的库。可以使用如下命令安装 open_clip_torch 库。

```
pip install open_clip_torch
```

同样针对柯基犬图像，通过代码清单 3-9 的方式分别提取图像特征和文本特征。这里提供了 3 个类别选项：图表、狗和猫。

代码清单 3-9

```python
import torch
from PIL import Image
import open_clip
import urllib.request
import matplotlib.pyplot as plt

# 加载 OpenCLIP 预训练模型
model, _, preprocess = open_clip.create_model_and_transforms('ViT-B-32',
pretrained='laion2b_s34b_b79k')
tokenizer = open_clip.get_tokenizer('ViT-B-32')

# 加载图像并对图像进行预处理
image_url = " http://www.***.com/test"
image_path = "test_image.png"
urllib.request.urlretrieve(image_url, image_path)
image = Image.open(image_path).convert("RGB")
image = preprocess(image).unsqueeze(0)

# 定义目标类别
text = tokenizer(["a diagram", "a dog", "a cat"])

with torch.no_grad(), torch.cuda.amp.autocast():
    # 使用 CLIP 图像编码器对图像进行编码
    image_features = model.encode_image(image)
    # 使用 CLIP 文本编码器对文本描述进行编码
    text_features = model.encode_text(text)
    image_features /= image_features.norm(dim=-1, keepdim=True)
    text_features /= text_features.norm(dim=-1, keepdim=True)
    # 计算图像特征向量和文本特征向量的相似度分数
    text_probs = (100.0 * image_features @ text_features.T).softmax(dim=-1)

plt.imshow(Image.open(image_path))
plt.show()

# 打印预测的类别
```

```
print(f"prob: a diagram {text_probs[0][0]}, a dog {text_probs[0][1]}, a cat
{text_probs[0][2]}")
```

运行代码清单 3-9，输出分类结果如图 3-7 所示。可以看到，OpenCLIP 模型将输入的柯基犬图像中的内容预测为狗的概率高于 99.9%。

```
prob: a diagram 2.101487734762486e-05, a dog 0.9999570846557617, a cat 2.1905763787799515e-05
```

图 3-7　使用 OpenCLIP 模型得到的图像分类结果

在使用"文生图"功能时经常会涉及中文输入的问题。由于 CLIP 和 OpenCLIP 模型主要基于英文数据，无法有效理解中文的文本描述，图像生成效果大打折扣。Chinese CLIP 补全了 CLIP 模型对中文文本描述理解能力不足的短板，这个模型使用大约 2 亿个中文图像-文本对数据进行训练，可以帮助图像生成模型更好地理解中文的文本描述。

3.2.4　CLIP 和扩散模型

在文本驱动的图像生成模型（如 DALL·E 2 和 Stable Diffusion）中，CLIP 文本编码器用于提取文本特征。这些特征随后被用来指导图像生成的过程，它们通常有以下两种发挥作用的方式。

（1）将 CLIP 的文本特征作为图像生成过程的初始条件，帮助 U-Net 模型在开始时就朝着生成与文本描述匹配的图像方向发展，其代表技术为 DALL·E 2，4.1 节将对其展开说明。

（2）在 U-Net 模型的不同层次，以某种方式将文本特征作为信息注入，达到逐步调整和细化图像的目的，其代表技术为 Stable Diffusion，整体方案如图 3-8 所示。

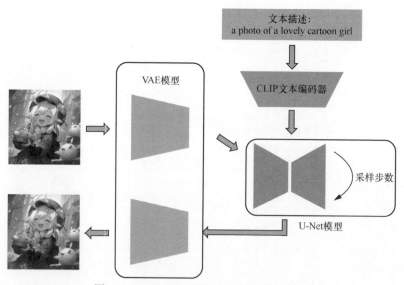

图 3-8　Stable Diffusion 中的文本特征注入

那么，在以 Stable Diffusion 为代表的"文生图"模型中，CLIP 的文本特征是如何作用于 U-Net 模型的？这便引出 3.3 节要介绍的交叉注意力机制。

3.3 交叉注意力机制

读者可能听过许多不同类型的注意力机制，例如自注意力（Self-Attention）、交叉注意力（Cross Attention）、单向注意力（Unidirectional Attention）、双向注意力（Bidirectional Attention）、因果注意力（Causal Attention）、多头注意力（Multi-Head Attention）、编码器-解码器注意力（Encoder-Decoder Attention）等。注意力机制是一种概念或者策略，各种模型中用到的注意力模块则是这种机制的具体网络结构实现。

我们所熟知的 GPT，全称是 Generative Pre-Trained Transformer，可以看出 Transformer 结构在其中的重要作用。而在 Transformer 结构中，各种各样的注意力模块是模型能够捕捉细节特征的关键所在。

在以 Stable Diffusion 为代表的图像生成模型中，文本特征同样通过注意力机制实现对图像内容的控制。本节重点探讨 Transformer 中的注意力机制。

3.3.1 序列、词符和词嵌入

正式介绍注意力机制前，我们要先掌握自然语言处理中的 4 个关键概念：词符（Token）和词嵌入（Word Embedding）、源序列、目标序列。

词符是文本序列中的最小单位，可以是单词、字符等形式。文本序列可以被拆分为一系列词符。例如，文本序列"Hello world"可以被拆分为词符：["Hello", " world"]。词符的词汇表中包含所有可能的词符，每个词符预先被分配了唯一的数字标识，这个数字标识被称为词符标识（Token ID）。这里将用于把一个文本序列拆分成词符的模块称为分词器（Tokenizer）。

词嵌入的目标是把每个词符标识转换为固定长度的向量表示，这个向量被称为词嵌入向量。源序列是输入文本序列对应的词嵌入向量，例如在机器翻译任务中，源序列代表待翻译的文本序列；目标序列是输出文本序列对应的词嵌入向量，例如在机器翻译任务中，目标序列代表翻译后的文本序列，通常使用目标语言。

在自然语言处理领域，词嵌入向量的获取方式大致可以分为以下两类。

- 静态词嵌入。静态词嵌入（如 Word2Vec 等）通过在大规模文本语料上预训练，学习到每个词符标识的向量表示，在使用时直接从预训练好的词嵌入向量字典中查找即可。

- 动态词嵌入。动态词嵌入通过模型推理，给定输入文本序列，模型计算过程考虑整个文本序列的上下文信息，为每个词符标识生成独特的向量表示。

词嵌入向量的两类获取方式各有优劣：静态词嵌入计算效率高，但是无法捕捉到词符在不同上下文中的语义差异；动态词嵌入能够捕捉词符在不同上下文中的语义差异，但是计算成本相对较高，尤其在处理长文本序列时。在 AI 图像生成任务和大语言模型中，通常使用的是动态词嵌入。代码清单 3-10 所示为输入文本序列的动态词嵌入过程。

代码清单 3-10

```python
from transformers import AutoTokenizer, AutoModel
import torch

# 以 bert-base-uncased 为例
model_name = "bert-base-uncased"

# 加载预训练模型及其分词器
tokenizer = AutoTokenizer.from_pretrained(model_name)
model = AutoModel.from_pretrained(model_name)

# 示例文本序列
text = "Hello world"

# 使用分词器处理文本序列，获得词符标识
inputs = tokenizer(text, return_tensors="pt", padding=True, truncation=True)
print(inputs["input_ids"])

# 获取词嵌入向量
with torch.no_grad():
    outputs = model(**inputs)          # 通过模型推理完成词嵌入
    embeddings = outputs.last_hidden_state

print(embeddings.shape)
```

图 3-9 展示了 "Hello world" 经过分词器拆分成词符标识，并通过词嵌入转换为词嵌入向量的过程。

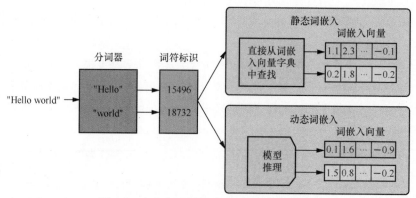

图 3-9　文本序列转换为词嵌入向量的过程

同样，我们可以将一张图像转换为向量序列，如图 3-10 所示。在这个例子中，图像被切分为 $N \times N$ 个切片（Patch），每个切片经过一次卷积计算便可以得到一维的图像特征向量。

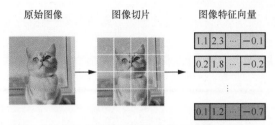

原始图像　　　　图像切片　　　　图像特征向量

图 3-10　将一张图像转换为向量序列的过程示意

3.3.2　自注意力与交叉注意力

自注意力，是指一个序列与自身之间的权重关联，自注意力机制的计算过程如图 3-11 所示。

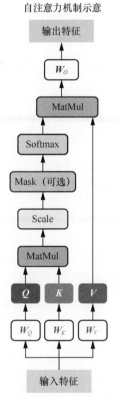

图 3-11　自注意力机制的计算过程

具体来说，首先通过 3 个可学习的权重矩阵 W_Q、W_K 和 W_V 分别将输入特征映射成 3 个矩阵 Q、K、V，分别代表查询矩阵、键矩阵和值矩阵。然后计算 Q 与 K 之间的特征距离（对应图 3-11 中的 MatMul 操作），得到的矩阵即为输入特征中所有元素之间的相似度分数矩阵（注意力分数）。之后将注意力分数除以一个固定值进行缩放（对应

图 3-11 中的 Scale 操作）。再通过对注意力分数进行归一化处理（对应图 3-11 中的 Softmax 操作）得到注意力权重。最后将注意力权重与矩阵 V 相乘，再通过一个可学习的权重矩阵 W_O 映射回输入特征的维度，得到输出特征。整个计算过程可以参考代码清单 3-11。

代码清单 3-11

```
# 从同一个输入序列产生 Q、K 和 V 矩阵
Q = X * W_Q
K = X * W_K
V = X * W_V

# 计算矩阵 Q 和 K 之间的点积，得到注意力分数；缩放因子 Scale = sqrt(d_k)
Scaled_Dot_Product = (Q * K^T) / sqrt(d_k)

# 应用 Softmax 函数对注意力分数进行归一化处理，获得注意力权重
Attention_Weights = Softmax(Scaled_Dot_Product)

# 将注意力权重和矩阵 V 相乘，得到输出特征
Output = Attention_Weights * V * W_O
```

其中，输入 X 和输出 Output 的维度均为 N×d，W_Q 的维度是 d×d_q，W_K 的维度是 d×d_k，W_V 的维度是 d×d_v，W_O 的维度是 d_q×d。这里有以下 3 个细节需要注意。

- 矩阵 Q 和 K 的维度是相同的，对应代码清单 3-11 中的 d_k，矩阵 V 的维度可以和矩阵 Q、K 的维度不同。

- 缩放因子 Scale 是对 d_k 开方的结果，在 Transformer 的相关论文中，d_k 的取值为 64，因此 Scale 的取值为 8。

- 图 3-11 中被标记为可选的 Mask 模块的作用是屏蔽部分注意力权重，限制模型关注特定范围内的元素。不要轻视这个 Mask 模块，它便是将自注意力升级为单向注意力、双向注意力、因果注意力的精髓所在。

理解了自注意力机制的计算过程，再学习交叉注意力机制的计算过程便相对简单了。因为自注意力机制和交叉注意力机制的区别只在于一句话：自注意力机制的矩阵 Q、K 和 V 都源于同一输入序列，而交叉注意力机制的矩阵 K、V 源自源序列，矩阵 Q 源自目标序列，其他计算过程完全相同。

3.3.3　多头注意力

多头注意力机制是在 Transformer 的工作中被首次提出和使用的，它强化了编码器和解码器的能力，可以把它看作对自注意力机制的升级。

自注意力机制通过 3 个可学习的权重矩阵 W_Q、W_K 和 W_V 分别将输入序列映射成 3 个矩阵 Q、K、V，而多头注意力机制设计了多个独立的注意力子空间并行计算，以捕捉和融合多种不同抽象层次的语义信息。多头注意力机制的计算过程如图 3-12 所示，

具体包括以下 3 步。

（1）将输入序列使用各子空间内可学习的权重矩阵，如 $\boldsymbol{W}_Q^0$、$\boldsymbol{W}_K^0$ 和 $\boldsymbol{W}_V^0$，映射成对应子空间的 3 个矩阵，如 $\boldsymbol{Q}_0$、$\boldsymbol{K}_0$ 和 $\boldsymbol{V}_0$。

（2）在每个子空间内分别进行注意力机制的计算，得到子空间内的注意力矩阵，如 $\boldsymbol{Z}_0$。

（3）将各子空间的注意力矩阵拼接起来，通过可学习的权重矩阵 $\boldsymbol{W}_O$ 映射成输出序列 $\boldsymbol{Z}$，该输出序列与输入序列具有相同的维度。

多头注意力机制本质上把自注意力机制或者交叉注意力机制重复了 N 次（多头注意力的头数，在图 3-12 中重复了 8 次）。多头注意力机制能够充分利用不同注意力头的特点和能力，更好地捕捉输入序列中的不同类型信息，并组合这些不同领域的知识。

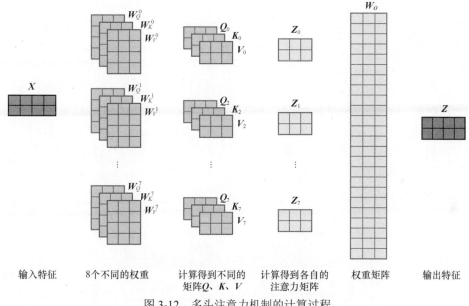

图 3-12　多头注意力机制的计算过程

类比来说，如果一个团队中有 N 个成员，每个成员专注于解决输入序列中不同类型的问题，将每个成员的结果组合起来，团队就可以利用成员各自的专长和视角来获取更全面和准确的信息，从而提高整体的问题解决能力和知识表达能力。

在多头注意力机制中，每个注意力头都可以关注输入序列的不同部分，并学习到不同的语义关系和特征表示。例如，一个头关注词法关系，另一个头关注句法关系，还有一个头关注长距离的依赖关系。通过将多个头的结果进行组合，模型可以获取更丰富和全面的信息，从而提高对输入序列的理解和表示能力。这种多头结构能够增加模型的表达能力和泛化能力，使其更适应复杂的任务和多样化的数据。图 3-13 所示为多头注意力机制的简化结构。

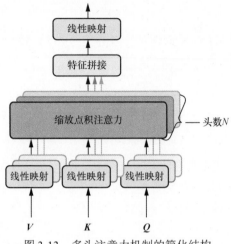

图 3-13 多头注意力机制的简化结构

注意力机制通常作为一个子结构嵌入更大的模型（如 Transformer、U-Net 模型等）中，其作用是提供全局上下文信息的感知能力。图 3-14 是 Transformer 的完整结构，Transformer 由 6 层编码器和 6 层解码器构成。图 3-15 是对 Transformer 中一层编码器结构的简化，图 3-16 是对 Transformer 中一层解码器结构的简化。图 3-14 和图 3-15 中的前馈网络（Feed Forward Network，FFN）模块代表的是全连接层，残差连接与层归一化代表特征相加后进行归一化操作。可以看出，Transformer 本质上就是连续的注意力模块和全连接层的堆叠，编码器中用到了多头自注意力模块，而解码器中用到了多头自注意力模块和多头交叉注意力模块。

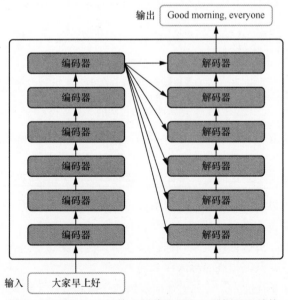

图 3-14 Transformer 的 6 层编码器和 6 层解码器结构

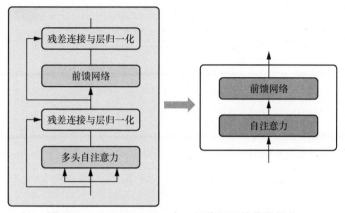

图 3-15 对 Transformer 中一层编码器结构的简化

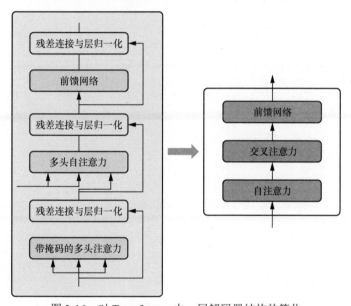

图 3-16 对 Transformer 中一层解码器结构的简化

在"文生图"任务中，CLIP 提取的文本特征通过交叉注意力机制作用于 U-Net 模型。这种机制允许 U-Net 模型在生成图像的过程中，根据文本描述的上下文来调整图像的生成细节。具体来说，文本特征经过 N 个 W_K、W_V 映射矩阵得到 K、V 序列（N 是多头注意力的头数），当前时间步的加噪后图像的潜在表示在 U-Net 模型中以特征图的形式存在，经过 N 个映射矩阵 W_Q 得到 Q 序列。通过这种形式，文本特征所包含的信息便被整合到扩散模型生成图像的过程中。

代码清单 3-12 中提供了一个高度简化的实现方式，帮助读者理解 CLIP 文本特征通过多头交叉注意力模块作用于 U-Net 模型的过程。

代码清单 3-12

```python
import torch
import torch.nn as nn
import torch.nn.functional as F

class MultiHeadCrossAttention(nn.Module):
    def __init__(self, num_heads, d_model, d_key, d_value):
        super(MultiHeadCrossAttention, self).__init__()
        self.num_heads = num_heads
        self.d_key = d_key
        self.d_value = d_value

        self.W_q = nn.Linear(d_model, num_heads * d_key)
        self.W_k = nn.Linear(d_model, num_heads * d_key)
        self.W_v = nn.Linear(d_model, num_heads * d_value)

        self.fc = nn.Linear(num_heads * d_value, d_model)

    def forward(self, query, key, value):
        batch_size = query.size(0)

        # 线性映射得到 Q、K、V
        Q = self.W_q(query).view(batch_size, -1, self.num_heads, self.d_key)
        K = self.W_k(key).view(batch_size, -1, self.num_heads, self.d_key)
        V = self.W_v(value).view(batch_size, -1, self.num_heads, self.d_value)

        # 计算注意力分数，缩放后进行归一化处理
        scores = torch.matmul(Q, K.transpose(-2, -1)) / torch.sqrt(self.d_key)
        attn = F.softmax(scores, dim=-1)
        context = torch.matmul(attn, V)

        # 拼接多头注意力，然后经过线性映射得到输出特征
        context = context.transpose(1, 2).contiguous().view(batch_size, -1,
                self.num_heads * self.d_value)
        output = self.fc(context)

        return output

# 假设参数
num_heads = 8
d_model = 512    # 模型的维度
d_key = 64       # 矩阵和查询矩阵的维度
d_value = 64     # 值矩阵的维度

# 创建模型实例
cross_attention = MultiHeadCrossAttention(num_heads, d_model, d_key, d_value)

# 示例文本特征和图像特征（需要通过模型（如 CLIP 和 U-Net）获取）
text_features = torch.rand(1, 10, d_model)   # (batch_size, seq_len, d_model)
image_features = torch.rand(1, 10, d_model)  # 假设图像特征具有相同的形状

# 应用交叉注意力
# 在这里，图像特征作为查询矩阵，文本特征作为键矩阵和值矩阵
output = cross_attention(image_features, text_features, text_features)
```

3.4　Stable Diffusion 是如何工作的

从最初开源的 Stable Diffusion 1.4/1.5 到 SDXL，Stable Diffusion 模型的每次升级都为开发者提供了新工具。在 Hugging Face、Civitai 等社区，开发者基于 Stable Diffusion 训练出大量风格迥异的基础模型（Base Model）和 LoRA 模型，创作出许多精美的作品。关于 LoRA 模型，第 6 章会进行详细说明。

3.1～3.3 节已经探讨了 Stable Diffusion 的核心原理，例如 VAE、CLIP、U-Net、扩散模型、注意力机制、采样器等。本节将串联这些知识，用"显微镜"观测 Stable Diffusion。

3.4.1　Stable Diffusion 的演化之路

在社交媒体或者 Hugging Face 等社区上经常看到 Stable Diffusion 模型的各种版本。版本演化的本质，是技术路线的改变或者训练数据的优化。当前开源社区流行的 Stable Diffusion 模型有多个版本，例如 Stable Diffusion 1.4、Stable Diffusion 1.5、Stable Diffusion 2.0、Stable Diffusion 2.1、Stable Diffusion 图像变体（Stable Diffusion Reimagine）、SDXL 0.9、SDXL 1.0 等。从表面上看，这些模型让人眼花缭乱，但其实各个模型之间存在着"亲缘关系"。

图 3-17 所示为 Stable Diffusion 1.x 的演化历程（本图将 Stable Diffusion 简称为 SD），图 3-18 所示为 Stable Diffusion 2.x 到 SDXL 的演化历程（本图将 Stable Diffusion 简称为 SD）。

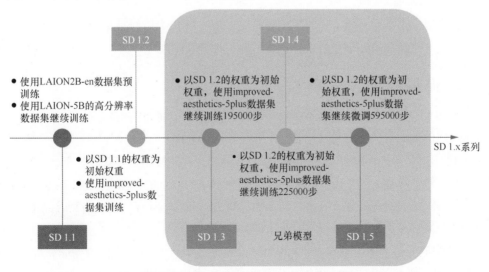

图 3-17　Stable Diffusion 1.x 的演化历程

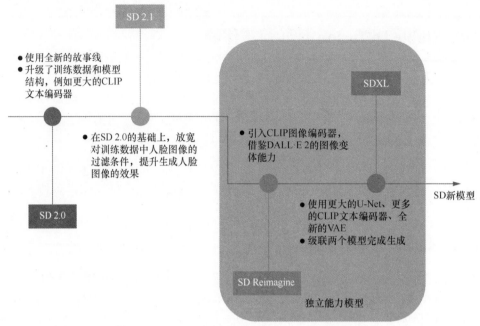

图 3-18　Stable Diffusion 2.x 到 SDXL 的演化历程

　　仔细观察图 3-17、图 3-18 可以发现，在 Stable Diffusion 的演化历程中，最主要的变化之一就是模型结构和训练数据的变化。Stable Diffusion 1.x 系列大多数是在 Stable Diffusion 1.2 的基础上训练得到的，包括使用最多的两个模型 Stable Diffusion 1.4 和 Stable Diffusion 1.5；Stable Diffusion 2.x 系列则新开发了故事线，升级了模型结构。Stable Diffusion Reimagine 和 SDXL 模型则是 Stable Diffusion 系列的两个独立能力模型。

　　Hugging Face 和 Civitai 这两个开源社区里的绝大多数 AI 图像生成模型，都是基于上面这些 Stable Diffusion 模型在特定数据集上微调得到的。

3.4.2　潜在扩散模型

　　厘清了 Stable Diffusion 模型的演化历程，再来讨论 Stable Diffusion 背后的技术。Stable Diffusion 的技术方案——潜在扩散模型（Latent Diffusion Model）来自 2021 年底发表的论文 "High-Resolution Image Synthesis with Latent Diffusion Models"。

　　原始扩散模型有两个缺点：一是不能通过文本描述完成 AI 图像生成，而是从纯噪声图出发，绘画过程类似开盲盒；二是加噪和去噪的过程都在图像空间完成，使用高分辨率数据训练扩散模型，占用的显存较多。

　　潜在扩散模型的前身便是扩散模型，它一方面将扩散过程从图像空间转移到了潜在空间，通过使用 VAE 压缩和恢复图像，大大提高了速度和效率；另一方面利用 CLIP 等模型的文本编码器，将文本描述转换为文本特征，并通过交叉注意力机制将这些文本特征融入图像空间中，最终实现"文生图"。潜在扩散模型的技术方案如图 3-19 所示。

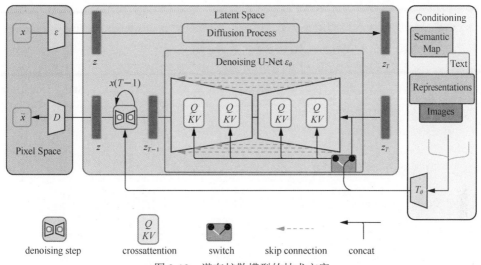

图 3-19   潜在扩散模型的技术方案

图 3-19 中，用于控制图像生成的条件包括文本描述、图像语义分割、真实图像等。控制条件经过各自特征提取模型（图 3-19 中的 T_θ）的处理得到特征向量，通过与潜在表示 z_T 进行特征拼接或者直接通过交叉注意力机制作用于 U-Net 模型（对应图 3-19 中的 switch 开关模块），从而实现对图像生成过程的控制。在 Stable Diffusion 的"文生图"任务中，控制生成的条件为文本描述，经过 CLIP 文本编码器得到文本特征，然后通过交叉注意力机制作用于 U-Net 模型。因此对于 Stable Diffusion 模型，可以对图 3-19 进行简化，正如 3.2.4 节中曾分析过的图 3-8 那样。本质上，Stable Diffusion 模型由 3 个模块组成：VAE 模型、U-Net 模型和 CLIP 文本编码器。

首先回顾图 3-8 中的 CLIP 文本编码器部分。用户输入的文本描述首先会经过分词器得到词符标识，然后通过"查字典"的方式获得词嵌入向量。这些词嵌入向量经过 CLIP 文本编码器得到作用于 U-Net 模型的文本特征，整个过程如图 3-20 所示。如果希望通过 CLIP 文本编码器之外的其他条件控制图像生成，例如图像分割信息或者其他语言模型，只需要替换文本描述条件和 CLIP 文本编码器部分即可。

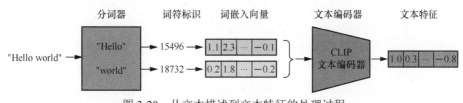

图 3-20   从文本描述到文本特征的处理过程

　　然后再看图 3-8 中的 VAE 模型。VAE 可以将原始图像的分辨率压缩为原来的 1/8。Stable Diffusion 模型常用的潜在空间"分辨率"为 64×64，解码后得到的图像尺寸便是 512px×512px。所以，Stable Diffusion 模型能轻松生成 512px×512px 的图像。这能体现 Stable Diffusion 引入 VAE 模型实现高效计算的优势。

　　将 Stable Diffusion 模型的整体思路串联完成后，再分析 Stable Diffusion 模型的参数量，这样就能对 Stable Diffusion 模型的参数量有一个整体认识。以我们熟悉的 Stable Diffusion 1.x 系列模型为例，VAE 模型的参数量为 0.084B、CLIP 文本编码器的参数量为 0.123B、U-Net 模型的参数量为 0.86B，总参数量大概为 1B。显然，Stable Diffusion 是一个参数量很大的模型，而且在"文生图"的过程中，U-Net 模型要反复多次预测噪声。这便是 Stable Diffusion 模型生成速度慢的原因。

3.4.3　文本描述引导原理

　　在 Stable Diffusion 中，文本描述引导图像生成的过程采用了无分类器引导（Classifier Free Guidance）技术。了解清楚这个技术，首先需要理解有分类器引导（Classifier Guidance）的概念，以及它与无分类器引导的区别。

　　原始扩散模型从随机噪声出发，并不能用文本描述引导图像生成，于是 OpenAI 提出了有分类器引导技术。该技术的具体做法是，在加噪后的数据上训练一个图像分类器，例如使用 ImageNet 图像分类数据集，训练模型（图像分类器）将图像分为 1000 个类别。在"文生图"的过程中，每步去噪都需要使用这个分类器计算梯度。代码清单 3-13 展示了在扩散模型训练过程中引入图像分类器计算损失的过程。

代码清单 3-13

```
for epoch in range(num_epochs):
    for data in train_loader:
        optimizer.zero_grad()

        # 获取输入数据
        inputs, labels = data

        # 扩散模型预测噪声
        predicted_noise = diffusion_model(inputs)

        # 根据扩散模型预测的噪声预测损失，计算均方误差数值
        mse_loss = mse_loss_fn(predicted_noise, true_noise)

        # 通过采样器生成当前时间步去噪后的图像
        generated_images = sampling_process(diffusion_model, inputs)

        # 计算分类损失，这里的 classifier 是预训练的图像分类器
        classifier_outputs = classifier(generated_images)
        classification_loss = classification_loss_fn(classifier_outputs, labels)
```

```
# 综合损失
total_loss = mse_loss + classification_loss

# 反向传播和优化
total_loss.backward()
optimizer.step()

print(f"Epoch [{epoch+1}/{num_epochs}], Total Loss: {total_loss.item():.4f}")
print("训练完成")
```

有分类器引导技术需要训练额外的分类器，并且文本描述对图像生成的引导能力不强，因此，它逐渐被无分类器引导取代。DALL·E 2、Imagen 和 Stable Diffusion 模型使用的都是无分类器引导。

无分类器引导技术巧妙地引入了一个 Guidance Scale 参数，无须训练额外的分类器，就能实现文本描述对图像生成的引导。具体来说，该技术就是在每次扩散模型预测噪声的过程中，使用 U-Net 模型完成以下两次预测。

- 有条件预测：是使用文本特征引导噪声结果的预测。
- 无条件预测：是使用空字符串的文本特征引导噪声结果的预测。

通过控制有条件预测和无条件预测的插值，便能很好地平衡生成图像的多样性和图文一致性。不过，天下没有免费的午餐，相比有分类器引导，无分类器引导的计算成本几乎是翻倍的。

为了让 Stable Diffusion 模型具备无分类器引导的生成能力，需要在训练扩散模型时做出修改。具体来说，在训练过程中，以一定的概率（如 10%）将文本描述设置为空字符串，而不是用原图像对应的文本描述。这样做是因为训练数据是图像-文本对，如果整个过程都使用与图像对应的文本描述训练扩散模型，扩散模型就会变得过于"听话"，不利于无分类器引导时使用空字符串条件进行生成，从而限制了生成结果的多样性。如果使用 10%的空字符串策略，就能给扩散模型留出一定的创新空间。

当训练完成后，"文生图"的采样过程会用到有条件预测和无条件预测。然后通过引导权重 w（Guidance Scale）进行插值。在 6.2 节要介绍的 Stable Diffusion WebUI 工具中，引导权重被称为 CFG Scale，CFG 就是 Classifier Free Guidance 的缩写。在无分类器引导技术中，扩散模型的每步噪声可以按照式（3.7）计算：

$$最终噪声 = w \times 有条件预测 + (1-w) \times 无条件预测 \tag{3.7}$$

引导权重越大，生成的图像与给定的文本描述越相关。一般来说，引导权重的取值范围为 3～15。继续加大权重，生成的图像容易出现各种不稳定的问题，如图像过饱和（颜色过于鲜艳以至于失真）。引导权重设置为 0，相当于输入的文本描述对图像生成结果不产生任何作用，生成的图像是完全随机的（退化为原始扩散模型的效果）。

3.4.4　U-Net 模型实现细节

对于维度为 512×512×3 的训练数据（RGB 三通道图像），经过 VAE 模型处理后，可以得到维度为 64×64×4 的潜在表示。使用这个潜在表示作为 U-Net 模型的输入，可以得到同样维度的输出，预测的是需要去除的噪声。图 3-21 所示为 U-Net 模型结构的示意。

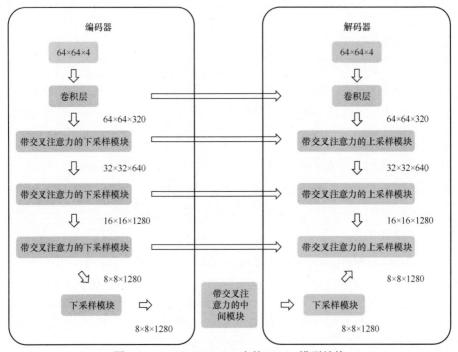

图 3-21　Stable Diffusion 中的 U-Net 模型结构

对于 U-Net 模型的编码器部分，潜在表示首先经过一个卷积层得到维度为 64×64×320 的特征图，然后经过 3 个连续包含交叉注意力机制的下采样模块，特征维度依次下采样到 32×32×640、16×16×1280、8×8×1280，接着这些特征被送入一个不包含注意力机制的卷积模块和一个包含交叉注意力机制的中间模块，便完成了 U-Net 模型的特征编码。

U-Net 模型的解码器部分与编码器部分完全对应，只是解码器部分用上采样计算替代了编码器部分的下采样计算。编码器和解码器之间存在跳跃连接，这是为了进一步强化 U-Net 模型的表达能力。

对于 Stable Diffusion 模型，文本描述对应的文本特征和时间步 t 的编码直接作用于 U-Net 模型。具体来说，文本特征通过交叉注意力机制（图 3-21 中的交叉注意力相关模块）进行注入，时间步编码则直接作用于 U-Net 模型的每个模块。

图 3-22 和图 3-23 分别所示为包含交叉注意力机制的下采样模块和上采样模块的内部结构，×2、×3 表示方框中结构堆叠重复的次数。Resnet 2D 模块表示该部分使用 ResNet 论文中提出的残差连接结构下采样。

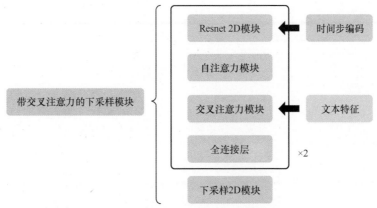

图 3-22　包含交叉注意力机制的下采样模块的内部结构

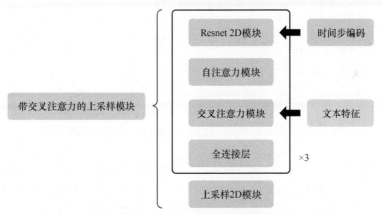

图 3-23　包含交叉注意力机制的上采样模块的内部结构

可以看到，时间步编码作用于每个 Resnet 2D 模块，文本特征作用于每个交叉注意力模块。Resnet 2D 模块的内部结构如图 3-24 所示。

在 Resnet 2D 模块中，VAE 的潜在表示经过连续两次组归一化（GroupNorm，GN）、非线性激活函数和卷积计算处理，时间步编码通过线性映射（不使用非线性激活函数）直接加到中间的特征图上。在 Stable Diffusion 的代码实现中，Resnet 2D 模块中还引入了一个随机失活模块（Dropout）。这里用到了两个新概念：随机失活和组归一化。

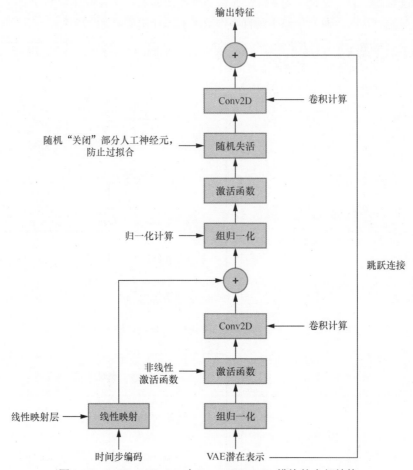

图 3-24　Stable Diffusion 中 ResnetBlock2D 模块的内部结构

　　随机失活是一种用于防止神经网络过拟合的技术，在训练过程中，随机"关闭"神经网络中的一部分人工神经元（将它们的输出设置为 0）。这种随机失活迫使神经网络学习更加健壮的特征，因为它不能依赖于任何一个特定的人工神经元。在测试或应用模型时，所有的人工神经元都被保留激活，但它们的输出会相应地进行缩放，以补偿训练时的随机失活。

　　组归一化是一种用于神经网络的归一化（Normalization）技术，特别适用于卷积神经网络。批归一化、层归一化、实例归一化和组归一化等技术都属于常规归一化技术。对于图像任务，特征一般包含 4 个维度，分别是批次大小（Batch）、通道数（Channel）、特征宽度（Width）和特征高度（Height）。归一化的本质就是将特征在特定维度上减去均值再除以方差，这 4 种归一化技术在计算时，用于计算均值和方差的部分如图 3-25所示。

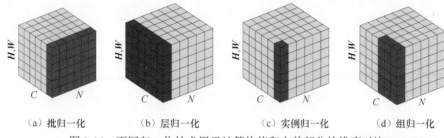

（a）批归一化　　　（b）层归一化　　　（c）实例归一化　　　（d）组归一化

图 3-25　不同归一化技术用于计算均值和方差部分的维度对比

图中 H 代表特征高度、W 代表特征宽度、C 代表通道数、N 代表批次大小。代码清单 3-14 所示为 4 种常规归一化技术的实现。

代码清单 3-14

```python
# x 的形状应为[batch_size, channels, height, width]
def custom_batchnorm2d(x, gamma, beta, epsilon=1e-5):
    # 计算批均值和方差
    mean = torch.mean(x, dim=(0, 2, 3), keepdim=True)
    var = torch.var(x, dim=(0, 2, 3), unbiased=False, keepdim=True)

    # 批归一化
    x_normalized = (x - mean) / torch.sqrt(var + epsilon)

    # 伸缩偏移变换
    out = gamma * x_normalized + beta

    return out

def custom_groupnorm(x, gamma, beta, num_groups, epsilon=1e-5):
    N, C, H, W = x.size()
    G = num_groups
    # reshape the input tensor to shape: (N, G, C // G, H, W)
    x_grouped = x.reshape(N, G, C // G, H, W)

    # 计算组均值和方差
    mean = torch.mean(x_grouped, dim=(2, 3, 4), keepdim=True)
    var = torch.var(x_grouped, dim=(2, 3, 4), unbiased=False, keepdim=True)

    # 组归一化
    x_grouped = (x_grouped - mean) / torch.sqrt(var + epsilon)

    # 伸缩偏移变换
    out = gamma * x_grouped + beta

    # reshape back to the original input shape
    out = out.reshape(N, C, H, W)

    return out

def custom_layernorm2d(x, gamma, beta, epsilon=1e-5):
    # 计算层均值和方差
```

```
mean = torch.mean(x, dim=(1, 2, 3), keepdim=True)
var = torch.var(x, dim=(1, 2, 3), unbiased=False, keepdim=True)

# 层归一化
x_normalized = (x - mean) / torch.sqrt(var + epsilon)

# 伸缩偏移变换
out = gamma * x_normalized + beta

return out

def custom_instancenorm2d(x, gamma, beta, epsilon=1e-5):
    # 计算实例均值和方差
    mean = torch.mean(x, dim=(2, 3), keepdim=True)
    var = torch.var(x, dim=(2, 3), unbiased=False, keepdim=True)

    # 实例归一化
    x_normalized = (x - mean) / torch.sqrt(var + epsilon)

    # 伸缩偏移变换
    out = gamma * x_normalized + beta

    return out
```

从计算过程可以看出，归一化技术的输入、输出具有相同的维度，4 种归一化技术最大的区别之一便是计算均值和方差的维度。在批归一化中，均值和方差在每个批次上对每个通道上进行统计；在层归一化中，均值和方差在单个样本的所有通道进行统计，并对每个样本独立进行归一化；在组归一化中，均值和方差在每个批次上对每个样本的各个通道分组进行统计；在实例归一化中，均值和方差在单个样本的每个通道上进行统计，不依赖于批次中的其他样本。归一化技术通过调整特征的数值范围让神经网络的训练更稳定，并让模型的泛化能力更高。

交叉注意力部分的实现逻辑在 3.3 节已经进行了详细讨论，文本特征注入可以通过代码清单 3-15 所示的方式完成。

代码清单 3-15

```
# 伪代码示例，图像特征作为查询矩阵，文本特征作为键矩阵和值矩阵
output = cross_attention(Q = image_features, K = text_features, V = text_features)
```

3.4.5　反向描述词与 CLIP Skip

在使用 Stable Diffusion 进行图像生成时，还有一些关键的"魔法"参数，如反向描述词（Negative Prompt）和 CLIP Skip 等。

在使用无分类器引导时，无条件预测的部分需要使用空字符串作为 U-Net 模型的输入。反向描述词便替换了无条件预测中的空字符串部分，相当于告诉模型避免生成指定内容。此时，传递给采样器的最终噪声可以通过式（3.8）计算。通常引导权重 w 大于 1，反向描述词便可以引导模型避免生成指定内容。

$$最终噪声 = w × 有条件预测 + (1 - w) × 反向描述词预测 \qquad (3.8)$$

在使用 CLIP 模型时，一个有趣的现象是，有时使用文本编码器倒数第二层的特征比使用最终层的特征能获得更好的效果。这可以理解为，CLIP 模型在训练时的主要目标是缩小图像-文本对之间的特征距离。在这种训练模式下，为了更有效地对齐图像特征，文本编码器的最终层可能会在一定程度上丢失原始文本的细粒度语义信息。

鉴于 CLIP 的训练数据主要源自互联网，这些图像-文本对并不总能完美匹配。换言之，文本描述并非总能百分之百精确地反映对应图像的内容。因此，采用文本编码器倒数第二层的输出，也就是所谓的"CLIP Skip = 2"配置，有助于我们捕捉到更加贴近图像内容的文本描述。在如 Stable Diffusion 等图像生成模型的实际应用场景中，这种策略已被广泛使用，并且实践证明，它能够显著提升模型生成图像的质量，使之更符合预期。

3.4.6 "图生图"实现原理

在使用 Stable Diffusion 进行"图生图"时，很关键的一点是控制加噪和去噪的平衡，确保生成的图像既保留了原始图像的某些特征，又融入了新的创意元素。

相比于"文生图"的过程，"图生图"只需要在过程上进行一些调整。在"文生图"中，需要选择一个随机噪声作为初始潜在表示。而在"图生图"中，对输入图像进行加噪，通过去噪强度（Denoising Strength）参数控制加噪步数，然后以加噪的结果作为图像生成的初始潜在表示。去噪步数与加噪步数需要保持一致，即在原始图像上加了多少步噪声就要去除多少步噪声。如果去噪步数过少，生成的图像可能仍然含有较多噪声；如果去噪步数过多，则生成的图像可能过度平滑，导致与原始图像的相似度降低。图 3-26 所示为 Stable Diffusion 实现"图生图"的算法原理。

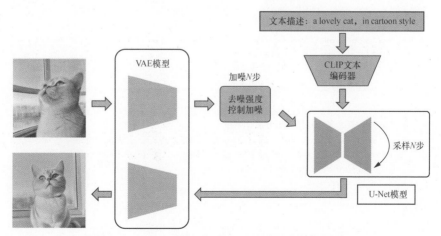

图 3-26　Stable Diffusion 实现"图生图"的算法原理

在各种社交媒体上，我们经常会看到人像全图风格化的效果，既能够保留图像的整体构图结构，又能够将图像转化为各种新奇的风格（如漫画风格、油画风格等），这种效果往往就是通过 Stable Diffusion "图生图" 的过程实现的。只是用于去噪的模型应该是一个擅长生成目标风格的 Stable Diffusion 模型。代码清单 3-16 所示为使用名为 ToonYou 的 Stable Diffusion 模型，对测试图像进行风格化的代码实现。在这段代码中设置了不同的去噪强度数值，生成的结果如图 3-27 所示。

代码清单 3-16

```python
import requests
import torch
from PIL import Image
from io import BytesIO
from diffusers import DiffusionPipeline, StableDiffusionImg2ImgPipeline

#将多张图像拼接
def image_grid(imgs, rows, cols):
    assert len(imgs) == rows * cols

    w, h = imgs[0].size
    grid = Image.new("RGB", size=(cols * w, rows * h))
    grid_w, grid_h = grid.size

    for i, img in enumerate(imgs):
        grid.paste(img, box=(i % cols * w, i // cols * h))
    return grid

# 加载一个 Stable Diffusion 模型，使用名为 ToonYou 的模型进行图像风格化
device = "cuda"
pipe = StableDiffusionImg2ImgPipeline.from_pretrained("zhyemmmm/ToonYou")
pipe = pipe.to(device)

# 下载测试图像
url = "https://***.com/test.png"
response = requests.get(url)
init_image = Image.open(BytesIO(response.content)).convert("RGB")
init_image = init_image.resize((512, 512))

prompt = "1girl, fashion photography"
images = []

# 设置不同的重绘强度参数，比较图生图效果
for strength in [0.05, 0.15, 0.25, 0.35, 0.5, 0.75]:
  image = pipe(prompt=prompt, image=init_image, strength=strength,
               guidance_scale=7.5).images[0]
  images.append(image)

# 可视化图像
result_image = image_grid(images, 2, 3)
result_image.save("img2img.jpg")
```

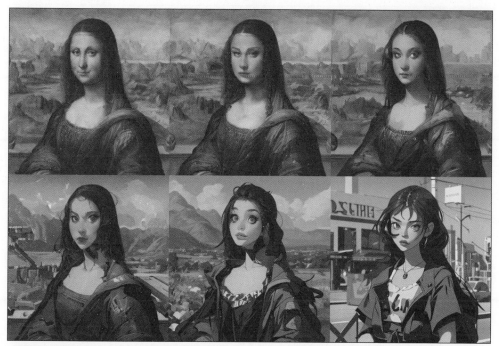

图3-27　"图生图"效果（去噪强度：第一行为0.05、0.15、0.25；第二行为0.35、0.5、0.75）

图像补全（Image Inpainting）是一种特殊的"图生图"操作，该操作专注于对图像中被遮挡或损坏的部分进行恢复和重建。在进行图像补全任务时，重要的是确保只对目标区域（被遮挡或损坏的部分）进行恢复和重建，而保持图像的其他区域不变。

为了实现这个目标，在加噪过程中，不仅需要加入噪声到整个图像上，还需要记录每步加噪的结果。这样，在随后的去噪过程中，能够对目标区域外的区域进行特殊处理。具体来说，对于目标区域外的区域的像素，在每步去噪过程中，使用之前记录的加噪结果替换经过采样器生成的结果。这样做确保了图像补全过程只影响目标区域，而不会改变图像的其他区域。

通过这种方式，可以高效且精确地完成图像补全任务，仅对目标区域进行恢复和重建，同时保留图像其他区域的原始状态和质量。这种方式在处理损坏的图像或者去除不需要的对象时尤其有效。

图像外推（Image Outpainting）是另一种特殊的"图生图"操作。与图像补全相反，图像外推的目标是延续并扩展图像的视觉内容和上下文，创建一个与原始图像在逻辑上连贯、在视觉上协调的图像外部区域。与图像补全类似，在加噪过程中，图像外推需要记录原始图像每步加噪的结果。在随后的去噪过程中，对原始图像区域的像素使用之前记录的加噪结果来替换经过采样器生成的结果。这样做可以确保图像外推的过程只影响外推区域，而不会改变原始图像区域的内容。

3.5　小结

本章深入探索了 Stable Diffusion 模型的核心技术及其实际应用，从基础原理到操作实践，为读者揭示了 Stable Diffusion 模型的核心技术。

本章首先聚焦于 Stable Diffusion 模型中的图像"压缩器"VAE，讲解了其背后的技术原理，展示了如何高效地处理图像数据。然后，本章深入讨论了 CLIP 模块的原理和应用，揭示了其在连接图像、文本模态方面的独特机制。接下来，本章对自注意力、交叉注意力和多头注意力机制进行了探讨，解释了 Stable Diffusion 中文本描述引导图像生成的工作机制。之后，本章详细阐述了 Stable Diffusion 从扩散模型到潜在扩散模型的演化过程，包括 U-Net 模型的实现细节和文本描述引导原理，让读者能够更加深刻地理解 Stable Diffusion 模型背后的技术。最后，本章围绕 Stable Diffusion 的具体使用技巧，讨论了反向描述词和 CLIP Skip 的用法，并介绍了通过"图生图"实现图像风格化、图像补全和图像外推的算法原理。

本章可以帮助读者更深入、全面地理解 Stable Diffusion 模型的技术原理，并掌握其在实际 AI 图像生成项目中的应用方法。

第 **4** 章

DALL·E 2、Imagen、DeepFloyd 和 Stable Diffusion 图像变体的核心技术

如果把 AI 图像生成模型比作一片星空，第 3 章探讨的 Stable Diffusion 只是其中的一颗星星。从 OpenAI 的 DALL·E 2 模型到谷歌的 Imagen 和 Parti 模型，从 Midjourney 团队推出的 Midjourney v4、Midjourney v5 模型到 Stability AI 公司推出的 SDXL 模型，再到 OpenAI 推出的 DALL·E 3 模型、Midjourney 推出的 Midjourney v6 模型、谷歌推出的 Imagen 2 和 Gemini 模型等，这片星空群星闪耀。

这些模型使用不同的算法方案，呈现出各具特色的图像生成能力。本章将探索业界经典的 AI 图像生成模型背后的算法方案，主要讨论以下 4 个问题。

- DALL·E 2、Imagen、Stable Diffusion 图像变体等模型的基本功能是什么？
- DALL·E 2 的"文生图"方案被称为"unCLIP"的原因是什么？
- Imagen 的算法原理是什么？它与 DeepFloyd 模型有哪些异同？
- Stable Diffusion 和 DALL·E 2 的图像变体功能有哪些异同？

4.1 里程碑 DALL·E 2

2022 年 4 月 DALL·E 2 模型一经发布，便引发了 AI 图像生成技术的热潮。DALL·E 2 的效果相比过去的 AI 图像生成模型的效果有了质的飞跃，而且它提出的 unCLIP 结构、图像变体功能也被后来的模型效仿。只有真正理解了 DALL·E 2，才算拿到了进入 AI 图像生成世界的钥匙。

4.1.1 DALL·E 2 的基本功能概览

"DALL·E"源自西班牙艺术家 Salvador Dali 和皮克斯动画工作室制作的动画电影《机器人总动员》中的角色 WALL·E，它的含义是绘画机器人。DALL·E 2 有多项绘画功能，包括基本的"文生图"、图像变体、图像编辑等。

　　体验 DALL·E 2 的功能需要使用 OpenAI 提供的服务。对于付费用户，首先在命令行窗口中使用如下命令安装 openai 工具包并导入 OpenAI 密钥（密钥获取路径为：https://platform.openai.com/api-keys）：

```
pip install openai
export OPENAI_API_KEY="你的 OpenAI 密钥"
```

　　通过代码清单 4-1 便可以使用 DALL·E 2 的"文生图"功能，"文生图"效果如图 4-1 所示。

代码清单 4-1

```
from openai import OpenAI

client = OpenAI()
# 使用"文生图"功能
response = client.images.generate(
    model="dall-e-2",
    prompt="A dragon fruit wearing karate belt in the snow",
    prompt="A robot couple fine dining with Eiffel Tower in the background"
    size="512x512",
    quality="standard", #"hd", # "standard"
    n=1,
)

image_url = response.data[0].url
```

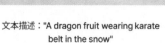

文本描述："A dragon fruit wearing karate belt in the snow"　　文本描述："A robot couple fine dining with Eiffel Tower in the background"

图 4-1　DALL·E 2 的"文生图"效果

　　DALL·E 2 可以进行图像变体，对经典画作进行"魔改"。代码清单 4-2 所示为图像变体功能的使用方式：输入一张图像，保留图像中的关键信息，生成更多相似风格的图像。图像变体效果如图 4-2 所示。

代码清单 4-2

```
# 使用图像变体功能
response = client.images.create_variation(
    image=open("你的图像路径", "rb"),
```

```
    n=2,
    size="1024x1024"
)

image_urls = [response.data[idx].url for idx in range(len(response.data))]
```

输入一张图像　　　　保留图像中的关键信息，生成相似风格的图像

图 4-2　DALL·E 2 的图像变体效果

不要轻视这种"魔改"，它能快速提供很多风格的设计效果，激发设计灵感。例如当设计一个产品标志（Logo）时，只需要提供一种设计效果，便可以使用图像变体功能生成很多不同效果。

DALL·E 2 还可以对图像进行局部编辑。代码清单 4-3 所示为输入一张图像、待编辑区域和一条文本描述，生成编辑后的图像，从而实现指令级图像编辑功能。图像局部编辑的效果如图 4-3 所示。

代码清单 4-3

```
response = client.images.edit(
    model="dall-e-2",
    image=open("lake.png", "rb"), # 图 4-3 左侧图
    mask=open("lake_mask.png", "rb"), # 图 4-3 中间图
    prompt="a lake with a wooden boat",
    n=1,
    size="1024x1024"
)
image_url = response.data[0].url
```

原始图像　　　　　　指定用于编辑的区域　　　　　　生成图像

文本描述：a lake with a wooden boat

图 4-3　DALL·E 2 的图像局部编辑效果

4.1.2　DALL·E 2 背后的原理

　　了解了 DALL·E 2 的基本功能，再探讨它的算法原理。本质上，把 CLIP 文本编码器和扩散模型组合在一起，引入大量图像-文本对进行模型训练后，便得到了 DALL·E 2。图 4-4 所示为 DALL·E 2 的算法方案。

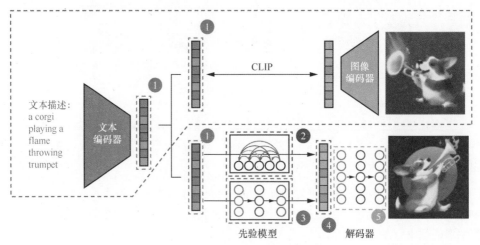

图 4-4　DALL·E 2 的算法方案

- 最大虚线框内代表原始的 CLIP 模型，这部分模型权重是预训练好的，关于 CLIP 模型的算法原理可以参考 3.2 节。

- 标记 1 代表 CLIP 文本编码器提取的文本特征，图 4-4 中 3 处标记为 1 的文本特征是完全相同的。

- 标记 2 和标记 3 代表两种可以互相替代的先验（Prior）模型方案。先验模型的作用，就是将提取的 CLIP 文本特征转换为 CLIP 图像特征。需要注意的是，这里提到的 CLIP 文本特征是用 CLIP 文本编码器从文本描述中提取的，而这里提到的 CLIP 图像特征是经过先验模型预测得到的，而不是 CLIP 图像编码器提取的，但类似于 CLIP 图像编码器提取的图像特征。标记 2 代表需要训练的自回归先验模型。

- 标记 3 代表需要训练的扩散先验模型。DALL·E 2 经过实验验证，使用扩散先验模型和自回归先验模型在生成效果上差别不大，扩散先验模型在计算效率上更有优势。因此在提出 DALL·E 2 的论文 "Hierarchical Text-Conditional Image Generation with CLIP Latents" 中的方案说明主要是围绕扩散先验模型展开的。

- 标记 4 代表扩散先验模型输出的图像特征，该特征类似于 CLIP 图像编码器提取的图像特征。

- 标记 5 代表扩散模型，其作用是将从先验模型中得到的图像特征转换为图像。

这样拆解完 DALL·E 2 后，DALL·E 2 的算法过程可以归纳为以下 3 步。

（1）使用一个预训练好的 CLIP 文本编码器将文本描述映射为文本特征。

（2）训练一个扩散先验模型，将文本特征映射为对应的图像特征。

（3）训练一个基于扩散模型的图像解码器，根据图像特征生成图像。

一句话归纳，DALL·E 2 的算法方案是：用 CLIP 提取文本特征，通过一个扩散模型将文本特征转换为图像特征，然后通过另一个扩散模型指导图像的生成。图 4-5 所示为归纳后的 DALL·E 2 算法方案。

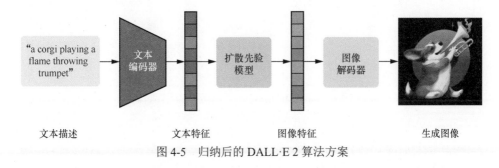

图 4-5　归纳后的 DALL·E 2 算法方案

接下来探讨两个扩散模型的训练方式，即图 4-5 中的扩散先验模型和图像解码器。

首先探讨扩散先验模型的训练方式。DALL·E 2 的扩散先验模型并没有使用 U-Net 模型，而是直接使用了一个 Transformer 解码器。U-Net 模型擅长解决图像分割问题，因为 U-Net 模型的输入和输出都是类似于图像的特征图；而 Transformer 的输入和输出是序列化的特征，更适合完成从 CLIP 文本特征到 CLIP 图像特征的转换。Transformer 的详细原理不属于本书的核心内容，因此不作展开，读者只需要知道 Transformer 由编码器和解码器构成，其中编码器负责提取特征、解码器负责生成目标序列。

需要指出，基于 Transformer 的扩散先验模型并不是预测每步的噪声，而是直接预测每步去噪后的图像特征。图 4-6 对比了 DALL·E 2 中基于 Transformer 的扩散先验模型和 Stable Diffusion 中用于预测噪声的 U-Net 模型。

基于图像-文本对训练数据，扩散先验模型的训练可以分为以下 3 步。

（1）使用预训练好的 CLIP 文本编码器从文本描述提取文本特征。

（2）使用预训练好的 CLIP 图像编码器提取对应的图像特征。

（3）随机采样一个时间步 t，以时间步 t、CLIP 文本编码器提取的文本特征、加噪后的图像特征作为条件，基于 Transformer 预测这一步去噪后的图像特征。

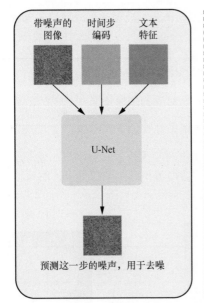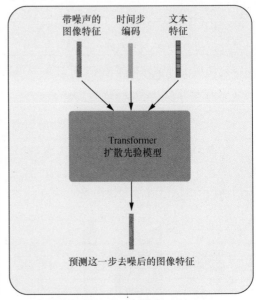

图 4-6　模型对比：Stable Diffusion 中预测噪声的 U-Net 模型（左）；
DALL·E 2 中用到的 Transformer 扩散先验模型（右）

接下来探讨图像解码器的训练方式。DALL·E 2 在 OpenAI 的另一篇论文"GLIDE：Towards Photorealistic Image Generation and Editting with Text-Guided Diffusion Models"的基础上做了一些改进。GLIDE 仅使用文本编码作为图像解码器的输入，而 DALL·E 2 使用文本编码和经过扩散先验得到的 CLIP 图像特征作为输入。图像解码器得到的输出是分辨率为 64px×64px 的图像，这样的分辨率对图像生成任务来说是远远不够的。因此，论文中又设计了两个连续的上采样模块，用于实现图像的超分辨率处理，最终得到 1024px×1024px 的高清图像。需要留意的是，这里用到的两个上采样模块都是扩散模型。

在扩散模型流行前，很多方案被用于实现图像超分辨率处理，例如 ESRGAN 等方案。这类经典的图像超分辨率处理方案往往只使用低分辨率图像作为输入，通过 GAN 等方案试图补全图像中的细节。基于扩散模型的上采样模块则与之不同，在训练维度，基于扩散模型的上采样模块相比于经典的图像超分辨率处理方案使用了更多训练数据；在算法输入维度，基于扩散模型的上采样模块的输入既包含低分辨率的图像，也包含用于引导生成图像的文本。基于扩散模型的上采样模块不仅能将图像变清晰，也能根据输入的文本描述对低分辨率图像中遗失的内容进行补全。因此，扩散模型在实现图像超分辨率处理中更具潜力，也是当前各种 AI 图像生成模型在后处理阶段普遍采取的模型。

需要指出，在图像生成过程中，DALL·E 2 同样使用无分类器引导技术实现文本描述对生成图像的内容控制。

4.1.3 unCLIP：图像变体的魔法

DALL·E 2 的"文生图"方案又被称为"unCLIP"：对于预训练好的 CLIP 模型，它的图像编码器可以提取到图像特征，CLIP 文本编码器可以提取到文本特征；DALL·E 2 通过扩散模型将文本特征转换为图像特征，然后从图像特征直接生成图像，正好和 CLIP 从图像提取图像特征的过程相反，"unCLIP"因此得名。

这种 unCLIP 的算法实现思路为 DALL·E 2 带来了独特的图像变体功能。如图 4-7 所示，输入一张图像，使用 CLIP 图像编码器提取图像特征作为图像解码器的输入，便可以生成一张与原始图像类似的新图像。扩散先验模型的作用是得到与 CLIP 图像编码器提取的图像特征类似的图像特征，而图像变体功能使用的是真正的 CLIP 图像特征，二者在分布上是类似的。

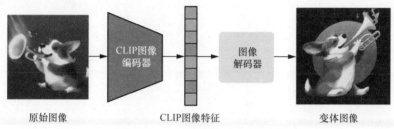

原始图像   CLIP图像特征   变体图像

图 4-7   unCLIP 的算法实现思路

由于 Stable Diffusion 1.4/1.5/2.0 等模型的训练过程并没有使用 unCLIP 的算法实现思路，因此这些模型无法为图像生成变体。

4.1.4 DALL·E 2 的算法局限性

DALL·E 2 也存在一些局限性，例如它不擅长处理逻辑关系、不擅长在生成图像中写入目标文字（通常被称为"Text-in-Image"）、不擅长应对复杂场景的图像生成。使用如下 3 个文本描述 DALL·E 2 生成的图像效果如图 4-8 所示。

- 图 4-8（a）的文本描述：two cubes on the table, with a red cube placed on top of a blue cube。

- 图 4-8（b）的文本描述：a sign writing 'deep learning'。

- 图 4-8（c）的文本描述：high quality photo of Times Square。

可以看到，图 4-8（a）所示为无法生成复杂逻辑的场景，图 4-8（b）所示为无法在图中准确写出文字的场景，图 4-8（c）所示为无法生成复杂图像的场景。

2023 年 10 月，OpenAI 推出了 DALL·E 3，关于这个模型的算法原理会在 5.3 节中介绍。这里使用与图 4-8 相同的文本描述，DALL·E 3 生成的图像效果如图 4-9 所示。对比图 4-8 和图 4-9 可以发现，DALL·E 3 已经修复了 DALL·E 2 存在的算法缺陷。

　　　　　　（a）　　　　　　　　　　　（b）　　　　　　　　　　　（c）

图 4-8　DALL·E 2 在图像生成任务上的局限性

　　　　　　（a）　　　　　　　　　　　（b）　　　　　　　　　　　（c）

图 4-9　DALL·E 3 修复了 DALL·E 2 的算法缺陷

4.2　Imagen 和 DeepFloyd

　　在 DALL·E 2 推出后的一个月，即 2022 年 5 月，谷歌发布了自己的 AI 图像生成模型——Imagen。Imagen 在效果上显著优于 DALL·E 2，并且通过实验证明，只要文本模型的参数量足够大，就不再需要扩散先验模型。

　　2023 年 4 月底，Stability AI 发布并开源了 DeepFloyd 模型，引起了广泛关注，而 DeepFloyd 和 Imagen 采用的是同样的技术方案。

4.2.1　Imagen vs DALL·E 2

　　相比于 DALL·E 2，Imagen 的两个核心优势是生成图像更具真实感以及模型本身拥有更强的语言理解能力。

　　通过谷歌的 API 使用 Imagen 模型比较困难，但幸运的是，Imagen 模型论文"Photorealistic Text-to-Image Diffusion Models with Deep Language Understanding"的几位作者创办了 ideogram 项目，该项目用户可以间接体验 Imagen 的绘画功能。ideogram 的图像生成效果如图 4-10 所示。可以看到 ideogram 对超现实风格的文本描述具有良好的处理能力。

文本描述："A dragon fruit wearing karate
belt in the snow"

文本描述："A robot couple fined ining
with Eiffel Tower in the background"

图 4-10　ideogram 的图像生成效果

相比于 DALL·E 2，Imagen 更擅于处理逻辑关系复杂和生成图像复杂的场景。除了基本功能，Imagen 还拥有一项优秀功能——可以在生成的图像中写入指定的文字。图 4-11 展示了 ideogram 的更多图像生成效果。通过对比图 4-11、图 4-8 和图 4-9 可以看到，ideogram 的图像生成效果优于 DALL·E 2 的，但弱于 DALL·E 3 的。

图 4-11　ideogram 的更多图像生成效果

4.2.2　Imagen 的算法原理

了解了 Imagen 的基本功能，再探讨它的算法原理。本质上，Imagen 使用更强的文本编码器——T5（Text-to-Text Transfer Transformer）模型提取文本特征，然后通过扩散模型将文本特征转换为目标图像。Imagen 的算法原理如图 4-12 所示。

文本描述经过文本编码器得到文本特征，该文本特征不仅用于引导低分辨率图像的扩散生成，也用于指导连续的两个基于扩散模型的超分辨率模块发挥作用。与 DALL·E 2 类似，Imagen 首先会生成 64px×64px 的低分辨率图像，然后经过连续两个基于扩散模型的超分辨率模块，将图像尺寸分别提升至 256px×256px、1024px×1024px。在训练过程中，首先将文本特征、初始噪声作为扩散模型的输入，去噪后的图像作为目标输出，得到低分辨率扩散模型；然后将低分辨率图像、文本特征作为模型的输入，去噪后的图像作为目标输出，得到更高分辨率的扩散模型。

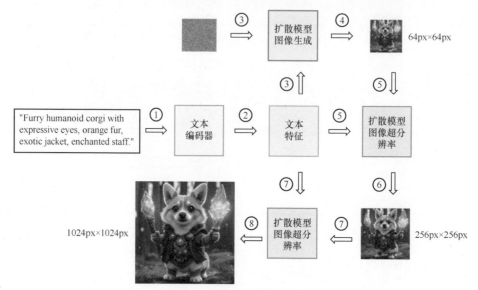

图 4-12　Imagen 的算法原理

与 DALL·E 2 相比，Imagen 在方案上主要有以下 3 点改进。

- 在"文生图"过程中，Imagen 没有使用 CLIP 的文本编码器，而是直接使用纯文本大模型 T5 完成文本编码任务。做一个对比，Imagen 用到的 T5 模型参数量共计 11B，DALL·E 2 用到的 CLIP 的文本编码器参数量约为 63M。也就是说，Imagen 用到的 T5 模型参数量约为 DALL·E 2 用到的 CLIP 的文本编码器参数量的 200 倍，这意味着 Imagen 拥有更强大的文本描述理解能力。站在语言模型的角度看，通常参数量越大，文本描述理解能力越强。

- Imagen 没有使用 unCLIP 结构，而是直接把文本特征输入图像解码器，生成目标图像。

- Imagen 对扩散模型预测的噪声使用了动态阈值的策略，提升了图像生成效果的稳定性。

正是基于这样的方案改进，Imagen 模型才能处理更复杂的文本描述，生成更惊艳的图像。

4.2.3　文本编码器：T5 vs CLIP

在 T5 模型被提出前，自然语言处理领域的各个任务的数据预处理方式和输出格式大相径庭，通常需要为每个特定任务设计特定的模型架构和训练流程。T5 使用 Transformer 结构，将自然语言处理领域的所有任务统一为"文本到文本"的格式，如

图 4-13 所示。这意味着无论是翻译、摘要、文本分类还是问答，所有任务都被格式化为接收文本输入并输出文本的格式。例如，对于分类任务，其输出可以是类别名称的文本。

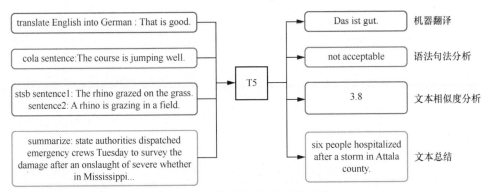

图 4-13　T5 模型将多任务的格式统一

对于机器翻译任务，训练数据的输入部分需要加上一句指令，如 "translate English to German"。以图 4-13 中的机器翻译任务为例，模型的输入是 "translate English to German: That is good."，模型的输出是翻译后的德语 "Das ist gut."。对于情感分析任务，训练数据的输入部分应该添加的指令为 "sentiment"，例如模型的输入可以是 "sentiment: This music is perfect."，模型的输出应该是 "positive"。

由于所有任务使用相同的模型架构和数据格式，T5 简化了模型的训练和部署过程。这一点对于实际应用尤其重要，因为它减少了为特定任务定制模型的需要。同时，T5 在多任务学习中表现出色，这意味着其在多个任务上训练的同一个模型可以更好地理解和处理语言。这提高了模型对新任务的泛化能力，即使这些任务在训练时没有被显式地考虑。

需要注意的是，T5 模型的训练使用的是纯文本数据，而不是像 CLIP 一样需要使用图像-文本对数据。CLIP 的训练目标是让对应的图像特征向量、文本特征向量的余弦距离尽可能大，让不对应的图像特征向量、文本特征向量的余弦距离尽可能小。这个过程必须使用图像-文本对数据。相比图像-文本数据，纯文本数据更容易获得。

T5 模型有多种不同的版本，对应不同的参数量。最小的 T5 模型有 60M 个参数，与 CLIP 文本编码器的参数量相当，推理速度较快。最大的 T5 模型有 11B 个参数，被命名为 T5-XXL 模型，能够处理更复杂的任务，一些头部 "文生图" 模型，例如 Imagen、DALL·E 3 和 DeepFloyd 等，通常都使用 T5-XXL 模型。此外，T5 模型还提供了参数量分别为 770M 和 3B 的中等规模版本。不同版本的 T5 模型可以满足不同的应用需求和资源限制条件。随着参数量的增加，模型通常能获得更高的性能和更强的泛化能力，但同时也伴随着更高的计算成本和更长的训练时间。选择哪种版本的 T5 模型取决于具体的应用场景、可用资源以及性能需求。

从 Imagen 对比 DALL·E 2 的效果可以看出，T5 模型能够更好地提取文本信息，在图像中写入文字任务的效果便是很好的证明。

接下来讨论 T5 模型提取的文本特征如何指导图像的生成。在 Imagen 中，图像解码器使用的同样是扩散模型。在图像生成的过程中，Imagen 采用了一种独特的方式注入文本特征编码。对于每步去噪，Imagen 会取当前的带噪声图像、时间步编码，以及由 T5 模型生成的文本特征编码，然后将这三者相加，作为 U-Net 模型的输入，如图 4-14 所示。这种方式有别于其他模型采用的方式，例如 Stable Diffusion 采用的交叉注意力机制，或 DALL·E 2 使用的从 CLIP 文本特征到 CLIP 图像特征的转换。Imagen 更直接地利用文本特征作为其扩散模型输入的一部分，这样的设计让文本特征能够直接影响图像生成的每一步。

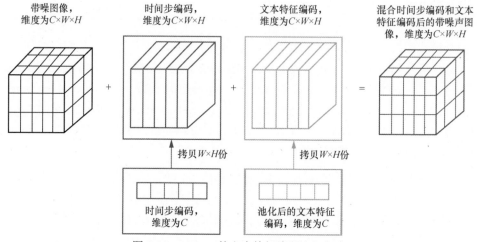

图 4-14　Imagen 的文本特征编码注入方式

需要指出，Imagen 同样使用无分类器引导技术进行训练和推理。具体来说，在训练过程中，一定比例的图像标题会被设置为空字符串，保证 Imagen 模型拥有一定的创造力。在推理过程中，有条件预测使用具体的文本描述作为输入，无条件预测使用空字符串作为输入，二者分别通过 T5 模型得到文本特征，然后分别经过 U-Net 模型预测噪声，通过引导权重对两个噪声进行加权求和得到最终的噪声。整个过程如代码清单 4-4 的伪代码所示。

代码清单 4-4

```
def generate_image(model, text, empty_text, guidance_scale, num_steps):
    # 初始化带噪声图像
    current_image = model.sample_initial_noise()

    # 文本特征编码
    text_embedding = model.encode_text(text)
    empty_text_embedding = model.encode_text(empty_text)

    for t in range(num_steps, 0, -1):
```

```
        # 生成预测的噪声
        noise_with_text = model.generate_noise(current_image, text_embedding, t)
        noise_without_text = model.generate_noise(current_image,
                            empty_text_embedding, t)

        # 无分类器引导加权
        final_noise = (noise_with_text * guidance_scale) +
                      (noise_without_text * (1 - guidance_scale))

        # 更新当前图像
        current_image = model.update_image_with_noise(current_image,
                        final_noise, t)

    # 返回最终图像
    return current_image

# 示例：生成图像
image = generate_image(model, "A cat on a tree", "", guidance_scale=1.5,
        num_steps=100)
```

4.2.4　动态阈值策略

在 Imagen 中，生成图像的过程涉及一个步骤接一个步骤地去除图像中的噪声。在每步中，都会有一个预测的噪声，基于这个噪声，我们可以逐步去除图像中的噪声。然而，如果对这个预测的噪声不加以限制，就可能出现一些问题，例如最终生成的图像可能是全黑图像。

为了解决这些问题，Imagen 的开发者采用了一种被称为静态阈值（Static Threshold）的方法。这种方法的核心思想是对噪声进行数值上的限制：如果 U-Net 模型预测的噪声超过 1，就将其设定为 1；如果小于-1，就将其设定为-1。静态阈值的计算过程如代码清单 4-5 所示。这种方法简单、有效，但在一些情况下仍然会导致图像过饱和。

代码清单 4-5

```
import numpy as np

def apply_static_threshold(noise):
    # 将噪声限制在-1 到 1 之间
    noise_clipped = np.clip(noise, -1, 1)
    return noise_clipped

# 示例
noise = np.random.randn(100, 100)   # 假设这是 U-Net 模型预测的噪声
noise_after_static_threshold = apply_static_threshold(noise)
```

为了进一步改进静态阈值，开发者提出了动态阈值（Dynamic Threshold）方法。这种方法更加灵活。首先确定一个比例，如 90%。然后在每步去噪时，计算出一个数值 s，确保带噪声图像中 90%的噪声都在-s 到 s 的范围内。如果某个噪声小于-s，就将其调整为-s；如果大于 s，就将其调整为 s。最后，对所有噪声进行标准化处理，确保它们都在-1 到 1 的范围内。动态阈值的计算过程如代码清单 4-6 所示。

代码清单 4-6

```
import numpy as np

def apply_dynamic_threshold(noise, percentile=90):
    # 计算动态阈值
    s = np.percentile(np.abs(noise), percentile)

    # 将噪声限制在-s 到 s 之间
    noise_clipped = np.clip(noise, -s, s)

    # 标准化噪声，使其在-1 到 1 的范围内
    noise_normalized = noise_clipped / s
    return noise_normalized

# 示例
noise = np.random.randn(100, 100)  # 假设这是 U-Net 模型预测的噪声
noise_after_dynamic_threshold = apply_dynamic_threshold(noise)
```

通过这种动态调整噪声的方法，Imagen 能够更加有效地控制每步去噪过程中的噪声范围，从而避免了在生成图像的过程中出现全黑图像或图像过饱和的问题，使得整个图像生成过程更加稳定和可靠。

4.2.5 开源模型 DeepFloyd

DeepFloyd 模型也是基于 Imagen 训练得到的，其包括一系列不同参数量的图像生成模型。该系列模型中参数量最大的模型被称为 DeepFloyd IF 模型。DeepFloyd 的算法原理如图 4-15 所示。对比图 4-12 所示的 Imagen 的算法原理会发现，DeepFloyd 的结构和 Imagen 的结构很相似。

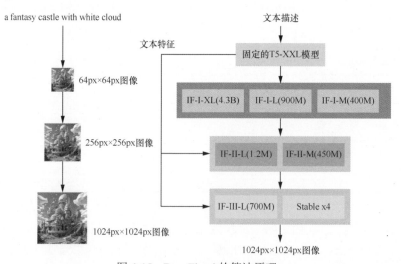

图 4-15　DeepFloyd 的算法原理

DeepFloyd 项目的开发者对各个图像生成模型进行了对比，如表 4-1 所示。其中，Zero-shot FID-30K 表示生成图像的真实感分数，该数值越低表示生成图像的效果越好。

从表 4-1 可以看出，DeepFloyd IF 的生成效果优于 Imagen 和 DALL·E 2。

表 4-1 DeepFloyd 模型与其他图像生成模型生成图像效果对比

模型	Zero-shot FID-30K
DALL·E 2	10.39
Imagen	7.27
DeepFloyd IF	6.66

DeepFloyd IF 模型能有这样的生成效果，主要有以下两个原因。

- 扩散模型解码器 IF-I-XL 的参数量达到 43 亿（4.3B），这正是"大力出奇迹"。

- DeepFloyd IF 使用的是与 Imagen 一样的 T5 模型，但 DeepFloyd IF 对 T5 得到的文本特征设计了一个叫作最优注意力池化的模块。与常见的最大值池化、均值池化这种预定义的池化方法相比，最优注意力池化是一种可学习的池化方法。

虽然 Imagen 并没有开源，但是它的后来者 DeepFloyd 模型及其代码已经对外开放。本节以 DeepFloyd 系列中参数量最大的 DeepFloyd IF 模型为例。首先，如代码清单 4-7 所示，需要在命令行环境或者 Jupyter Notebook 环境中登录 Hugging Face 账号，确保能下载模型文件。

代码清单 4-7

```
from huggingface_hub import login
login()
```

然后，如代码清单 4-8 所示，依次加载 3 个不同分辨率图像生成阶段的扩散模型文件。如果本地环境不包含这些模型文件，这段代码会自动请求从 Hugging Face 的服务器下载原始模型文件。

代码清单 4-8

```
from diffusers import DiffusionPipeline
from diffusers.utils import pt_to_pil
import torch

# 加载 DeepFloyd 第一阶段模型
stage_1 = DiffusionPipeline.from_pretrained("DeepFloyd/IF-I-XL-v1.0", variant=
"fp16", torch_dtype=torch.float16)
#如果 torch.__version__ >= 2.0.0，删除下面这一行
stage_1.enable_xformers_memory_efficient_attention()
stage_1.enable_model_cpu_offload()

# 加载 DeepFloyd 第二阶段模型
stage_2 = DiffusionPipeline.from_pretrained(
        "DeepFloyd/IF-II-L-v1.0", text_encoder=None, variant="fp16",
torch_dtype=torch.float16
)
#如果 torch.__version__ >= 2.0.0，删除下面这一行
stage_2.enable_xformers_memory_efficient_attention()
stage_2.enable_model_cpu_offload()
```

```
# 加载 DeepFloyd 第三阶段模型
safety_modules = {"feature_extractor": stage_1.feature_extractor,
                  "safety_checker": stage_1.safety_checker, "watermarker":
                  stage_1.watermarker}
stage_3 = DiffusionPipeline.from_pretrained("stabilityai/stable-diffusion-
x4-upscaler", **safety_modules, torch_dtype=torch.float16)
#如果 torch.__version__ >= 2.0.0，删除下面这一行
stage_3.enable_xformers_memory_efficient_attention()
stage_3.enable_model_cpu_offload()
```

接下来，就可以提供文本描述进行创作了。如代码清单 4-9 所示，要求模型生成
"一只长着鹿角的彩虹配色柯基犬"和"写着 deep learning is interesting 的标志板"。生
成图像的效果，如图 4-16 所示。

代码清单 4-9

```
prompt = 'color photo portrait of rainbow corgi with deer horns'
# prompt = 'A beautiful crafted wooden sign with ''deep learning is interesting'' '
# 对应图 4-16 中的第 2 个例子，这里加了注释符号以避免覆盖掉上一行代码中的 prompt
# 提取文本特征
prompt_embeds, negative_embeds = stage_1.encode_prompt(prompt)
generator = torch.manual_seed(0)
# 第一阶段生成
image = stage_1(prompt_embeds=prompt_embeds,
               negative_prompt_embeds=negative_embeds, generator=generator,
               output_type="pt").images
pt_to_pil(image)[0].save("./if_stage_I.png")
# 第二阶段生成
image = stage_2(image=image, prompt_embeds=prompt_embeds,
               negative_prompt_embeds=negative_embeds, generator=generator,
               output_type="pt"
).images
pt_to_pil(image)[0].save("./if_stage_II.png")
# 第三阶段生成
image = stage_3(prompt=prompt, image=image, generator=generator,
               noise_level=100).images
image[0].save("./if_stage_III.png")
```

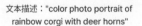

文本描述："color photo portrait of rainbow corgi with deer horns"　　文本描述："A beautifully crafted wooden sign with 'deep learning' is interesting"

图 4-16　DeepFloyd IF 生成效果

运行代码清单 4-9，需要占用 20GB 以上的显存。如果要降低显存占用，可以用 xFormer 优化 Transformer 的计算效率，或者及时释放已经完成推理的模型资源等。这里仅仅展示了 DeepFloyd IF 的 "文生图" 功能，DeepFloyd 官网还提供了图像超分辨率处理、图像局部补全等功能，推荐读者访问 DeepFloyd 项目官网获取更多信息。

4.2.6 升级版 Imagen 2

在 2023 年底，谷歌推出了 Imagen 的升级版 Imagen 2。相比于前一代技术，Imagen 2 的生成质量更高，尤其在真实手部和人脸的渲染效果上提升显著。从已经披露的信息可以得出，Imagen 2 的主要改进包括以下两方面。

- "文生图" 模型通过学习训练数据集中的图像和标题之间的细节生成与用户提示匹配的图像，但这些与用户提示匹配的图像的细节质量和准确性可能较低。Imagen 2 通过在训练数据集中增加对图像标题的文本描述，使得模型能够学习不同的文本描述风格，并更好地理解广泛的用户提示。这一点也是 DALL·E 3 相比于 DALL·E 2 做出的主要改进。

- Imagen 2 额外训练了一个专门的图像美学打分模型，该模型综合考虑了光照、构图、曝光、清晰度等因素。在该模型的训练过程中，每张图像都被赋予一个美学分数，帮助 Imagen 2 更加重视符合人类偏好的图像。

4.3 Stable Diffusion 图像变体

对于 DALL·E 2，用户输入一张图像，使用 CLIP 的图像编码器提取图像特征作为图像解码器的输入，这样就实现了图像变体功能。图像变体功能在实际工作中能快速生成相似图像效果，激发设计灵感。图像变体功能是一个非常有用的功能，Stable Diffusion 1.x 系列模型并不具备该功能。于是，Stability AI 推出了同样可以生成变体图像的模型，名为 Stable Diffusion Reimagine。

4.3.1 "图生图" vs 图像变体

提到图像变体，读者也许会联想到 Stable Diffusion 模型的 "图生图" 功能。但实际上，Stable Diffusion 的 "图生图" 和图像变体，在原理上和效果上是完全不同的。

在 Stable Diffusion 模型中，"图生图" 功能通过去噪强度超参数向原始图像添加噪声，并根据文本描述重新去噪得到新图像。通过这种方式生成的新图像在轮廓上会和原始图像非常接近，而在内容和风格上则会更接近文本描述。图 4-17 所示为使用 Stable Diffusion 模型进行 "图生图" 的效果。

（a）原始图像　　　　　　　　　　　　　（b）生成图像

图 4-17　使用 Stable Diffusion 进行"图生图"的效果

　　而通过图像变体生成的图像与原始图像在色调、构图和人物形象方面具有相似性。图 4-18 所示为使用 Stable Diffusion 图像变体功能生成的效果。

（a）原始图像　　　　　　　　　　　　　（b）生成图像

图 4-18　使用 Stable Diffusion 图像变体功能生成的效果

　　"图生图"和图像变体都以图像为主进行变化。"图生图"本质是依赖于文本描述引导相似轮廓下的内容变化；图像变体则以原始图像为基础，从图像中提取关键信息，生成具有相似内容但不同样式的图像，整个过程不需要文本描述的引导。

4.3.2　使用 Stable Diffusion 图像变体

　　相比标准 Stable Diffusion 模型（如 Stable Diffusion 1.5 等）和 DALL·E 2 的图像变

体功能，Stable Diffusion 图像变体模型究竟有何区别呢？Stable Diffusion 图像变体实际上是一个全新的 Stable Diffusion 模型，其官方名称为 Stable unCLIP 2.1。与 DALL·E 2 一样，它也属于 unCLIP 模型。Stable Diffusion 图像变体模型是基于 Stable Diffusion 2.1 模型微调而来的，它能生成 768px×768px 的图像。

使用 Stable Diffusion 图像变体模型的第一种方式是通过 Stable Diffusion 官方平台 ClipDrop。打开 ClipDrop 后上传图像，只需稍加等待便可以完成图像变体的生成。图 4-19 所示为 ClipDrop 平台的图像变体效果。

图 4-19　ClipDrop 平台的图像变体效果

使用 Stable Diffusion 图像变体模型的第二种方式是通过 Python 代码。虽然在 ClipDrop 平台上使用 Stable Diffusion 图像变体模型非常方便，但如果想调整参数和批量生成图像变体，通过 Python 代码的方式更加灵活。代码清单 4-10 所示为使用 Stable Diffusion 图像变体模型的代码片段。在这段代码中，首先从官方仓库下载 Stable Diffusion 图像变体模型。然后，使用一张"在祈祷的猫"图像作为输入，调用 Stable Diffusion 图像变体模型完成图像生成。当然，你也可以使用其他图像链接替换代码清单 4-10 中图像的 URL 链接。

代码清单 4-10

```
from diffusers import StableUnCLIPImg2ImgPipeline
from diffusers.utils import load_image
import torch

# 加载 Stable Diffusion 图像变体模型
pipe = StableUnCLIPImg2ImgPipeline.from_pretrained(
    "stabilityai/stable-diffusion-2-1-unclip", torch_dtype=torch.float16,
    variation="fp16")
pipe = pipe.to("cuda")
```

```
# 可以使用其他需要测试的图像的 URL 链接
url = "http://***.com/test.png"
init_image = load_image(url)

# 生成图像变体
images = pipe(init_image).images
images[0].save("variation_image.png")
```

其实，使用代码清单 4-10 中的方式实现的图像变体效果还不够理想，很多情况下是"气质上"比较相似，为了更好地控制图像变体，可以为 Stable Diffusion 图像变体模型设置文本描述。代码清单 4-11 所示为使用文本描述对图像变体的生成做出引导。

代码清单 4-11

```
from diffusers import StableUnCLIPImg2ImgPipeline
from diffusers.utils import load_image
import torch

# 加载 Stable Diffusion 图像变体模型
pipe = StableUnCLIPImg2ImgPipeline.from_pretrained(
        "stabilityai/stable-diffusion-2-1-unclip", torch_dtype=torch.float16,
        variation="fp16"
)
pipe = pipe.to("cuda")

url = " http://***.com/test.png "
init_image = load_image(url)

images = pipe(init_image).images
images[0].save("variation_image.png")

prompt = "A praying cat"

# 生成图像变体
images = pipe(init_image, prompt=prompt).images
images[0].save("variation_image_two.png")
```

读者可以运行代码清单 4-10 和代码清单 4-11，对比加入文本描述前后的图像变体生成效果。

4.3.3　探秘 Stable Diffusion 图像变体模型背后的算法原理

代码清单 4-12 至代码清单 4-14 所示为 Stable Diffusion 图像变体模型的部分源代码。如代码清单 4-12 所示，输入的图像首先会进入 _encode_image 函数，这个函数负责将输入图像转换为图像特征。

代码清单 4-12

```
# 4. 对输入图像进行编码
noise_level = torch.tensor([noise_level], device=device)
image_embeds = self._encode_image(
    image=image,
    device=device,
```

```
    batch_size=batch_size,
    num_images_per_prompt=num_images_per_prompt,
    do_classifier_free_guidance=do_classifier_free_guidance,
    noise_level=noise_level,
    generator=generator,
    image_embeds=image_embeds,)
```

接下来，通过代码清单 4-13 进一步分析图像特征的输入方式。实际上，图像特征是在 U-Net 模型每次预测噪声的过程中输入的。标准 Stable Diffusion 中 U-Net 模型的输入包括文本特征、上一步去噪后的潜在表示以及时间步 t 的编码。而在 Stable Diffusion 图像变体模型里，除了这里提到的 3 项标准输入，代码中多了"class_labels = image_embeds"这一项（代码清单 4-13 中加粗的部分），这正是它与其他 Stable Diffusion 模型的不同之处。可以这样理解，Stable Diffusion 图像变体模型的文本描述作用机制和其他 Stable Diffusion 模型的相同，而参考图像的信息是额外新增的。

代码清单 4-13

```
# 使用 U-Net 模型预测当前时间步的噪声
noise_pred = self.unet(
    latent_model_input,
    t,
    encoder_hidden_states=prompt_embeds,
    class_labels=image_embeds, # 图像变体的关键，输入了图像特征
    cross_attention_kwargs=cross_attention_kwargs,
    return_dict=False,
)[0]
```

为了进一步探究 Stable Diffusion 图像变体模型中 U-Net 模型预测噪声的代码，代码清单 4-14 截取了关于图像特征（image_embeds）使用方式的部分。在代码清单 4-14 中加粗的部分，Stable Diffusion 图像变体模型将图像特征与时间步编码相加。通过这种方式，参考图像便可以直接影响生成结果。

代码清单 4-14

```
emb = self.time_embedding(t_emb, timestep_cond)

if self.class_embedding is not None:
    if class_labels is None:
        raise ValueError("class_labels should be provided when num_class_
embeds > 0")

    if self.config.class_embed_type == "timestep":
        class_labels = self.time_proj(class_labels)

    class_emb = self.class_embedding(class_labels).to(dtype=sample.dtype)
    # 将图像特征与时间步编码相加
    emb = emb + class_emb
```

至此，终于找到了 Stable Diffusion 图像变体模型背后的秘密。Stable Diffusion 图像变体模型不仅可以输入参考图像生成变体，同时还能使用文本描述进行引导。这个过程与 DALL·E 2 的图像变体过程截然不同。

4.4　小结

本章带领读者穿梭于 AI 图像生成技术的璀璨星空，探索了一系列引领行业发展的图像生成模型。从对 DALL·E 2 的深度解读到对 Imagen 和 DeepFloyd 的精细比较，再到对 Stable Diffusion 的图像变体模型的介绍，每节都深入揭示了这些模型的核心算法和独特功能。

对 DALL·E 2 的探讨为读者揭开了其技术面纱，特别是 unCLIP 模型的图像变体原理，以及它在实际应用中的局限性。本章不仅介绍了 DALL·E 2 的基本功能，还深入分析了它的算法原理，为读者理解更先进的模型奠定了基础。

接着，本章转向对 Imagen 和 DeepFloyd 的比较，详细探讨了 Imagen 的算法原理以及它与 DALL·E 2 的对比。通过引入 T5 文本编码器和动态阈值，Imagen 展示了其在 AI 图像生成领域的独特之处。同时，读者也了解了开源模型 DeepFloyd 的原理和应用，以及 Imagen 的升级版 Imagen 2。

最后，本章通过深入分析 Stable Diffusion 图像变体模型，揭示了"图生图"与图像变体之间的关键差异，并探讨了如何有效地使用 Stable Diffusion 图像变体模型，以及它的算法原理。

探索之旅虽然暂时告一段落，但 AI 图像生成技术的发展仍在继续，未来会有更多创新和突破等待读者发现和探索。

## 第 5 章

Midjourney、SDXL 和 DALL·E 3 的核心技术

从模型技术是否公开、模型是否开源的维度，AI 图像生成模型可以分为 3 类：模型技术完全公开、模型也已经开源，如 Stable Diffusion、DeepFloyd、SDXL 等；模型技术公开，但模型未开源，如 DALL·E 2/3、Imagen；模型技术未公开，模型保持黑盒状态对外提供付费服务，如 Midjourney。其中，SDXL、DALL·E 3 和 Midjourney 可以作为时下这 3 类模型的典型代表。在某种意义上，这些典型模型的技术方案和产品思路决定了 AI 图像生成的发展趋势。本章将探索 SDXL、DALL·E 3 和 Midjourney 的技术方案，主要讨论以下 3 个问题。

- Midjourney v4 和 v5 模型背后最有可能的技术方案是什么？
- 相比于最初的 Stable Diffusion 模型，开源的 SDXL 模型有哪些改进？
- DALL·E 3 做了哪些改进，又将引领哪些技术趋势？

5.1 推测 Midjourney 的技术方案

Midjourney 是 AI 图像生成工具，可以搭载在游戏聊天社区 Discord 上。从 2022 年 11 月的 Midjourney v4、niji·journey，到 2023 年 3 月的 Midjourney v5、2023 年 12 月的 Midjourney v6，Midjourney 凭借其高质量的生成效果收获了大量付费订阅，实现了非常可观的收入。因此，训练出对标 Midjourney 的模型也成了很多企业追求的目标。本节根据已经披露的信息，推测 Midjourney 背后的技术方案。

5.1.1 Midjourney 的基本用法

在讨论技术方案前，先介绍 Midjourney 的基本用法。我们可以在聊天应用与社区平台 Discord 中使用 Midjourney，不需要本地 GPU 资源，也不需要在本地安装第三方工具。相比第 6 章要介绍的几个开源社区中的模型，Midjourney 模型生成的图像效果在精致度、图像与文本关联性上都有更显著的优势。

Midjourney 的"文生图"功能支持使用负面描述词和调整文本权重。例如负面描

述词可以通过--no 参数指定；文本权重可以通过::后的数值调整。

以下是 2 个使用 Midjourney v5.2 生成图像的示例。

- 示例 1：创作一幅带着温暖、真挚微笑的年轻亚洲女孩的写实肖像，使用的文本描述为 "Create a realistic portrait of a young Asian girl with a warm, genuine smile --ar 2:3"。

- 示例 2：要求图像里不出现眼镜和卷发，并对写实、年轻和微笑都设置了不同的文本权重，使用的文本描述为 "Create a realistic::-1.0 portrait of a young::1.5 asian girl with a warm, genuine smile::1.4 -- no glasses curly hair --ar 2:3"。

使用以上两个示例的文本描述生成的图像效果如图 5-1 所示。

图 5-1　Midjourney v5.2 的"文生图"效果

对比生成的两张图像可以发现，负面描述词和文本权重都发挥了各自的作用。

5.1.2　各版本演化之路

首先，让我们思考这样一个问题：要创建与 Midjourney 一样的产品，需要多少人手？有些互联网公司也许会投入数百人以创建类似的产品。然而，在 Midjourney v4 发布的时候，Midjourney 公司的全职员工还不到 20 人。

回到 2019 年，David Holz 出售了他手中的 Leap Motion 公司，并创立了 Midjourney。

David Holz 的技术背景和创业精神为 Midjourney 的发展奠定了坚实的基础。

到了 2022 年，Midjourney 在 2 月正式发布了 Midjourney v1，随后在 4 月发布了 Midjourney v2、在 7 月发布了 Midjourney v3，在 11 月则发布了众所周知的 Midjourney v4。到了 2023 年，Midjourney 在 3 月发布了 Midjourney v5，在 6 月发布了 Midjourney v5.2，并在 12 月发布了 Midjourney v6。梳理这条时间线可以看出，从发布 Midjourney v1 到发布 Midjourney v6，Midjourney 仅用了不到两年的时间。

以 "A half-body photo of a Chinese girl with her cheek resting on her hand, her long hair flowing, wearing a light gray sweater, against a background of golden wheat fields, with her nails painted black, and her eyes looking straight into the camera" 作为文本描述，分别使用 Midjourney v1、Midjourney v2、Midjourney v3、Midjourney v4、niji·journey v4、Midjourney v5、Midjourney v5.1、Midjourney v5.2、Midjourney v6 生成图像，Midjourney 各版本发布的时间及生成的图像效果对比，如图 5-2 所示。从这个例子可以看出，虽然 Midjourney 的图像生成能力在持续提升，但仍不能 100%根据文本描述进行图像生成，例如文本描述中 "with her nails painted black"（黑色指甲）在生成图像中没有体现。

图 5-2　Midjourney 各版本发布的时间及生成图像的效果对比

　　通过分析 Midjourney 各版本的 AI 图像生成效果，并查阅相关的公开资料，我们概括从 Midjourney v1 到 Midjourney v5 的模型升级路径。

　　Midjourney v1 生成图像的细节和真实感都存在明显不足，从今天的角度看，Midjourney v1 只能算是一个可用性较低的 AI 图像生成模型。

　　Midjourney v2 在图文一致性方面得到了显著提升，生成图像的整体质量也有所改进，但在脸部、手部等细节的生成上仍存在瑕疵。

　　Midjourney v3 引入了新的图像超分辨率算法，加强了高分辨率图像的生成能力，同时支持调节风格化强度，以满足不同用户的审美需求。

　　Midjourney v4 生成的图像质量有了质的飞跃，此时 Midjourney 开始为人们所熟知。Midjourney v4 不仅确立了独特的画风，而且在处理细节方面的能力明显超越了同时期的 Stable Diffusion 模型。以 "Elegant woman in Victorian attire, poised, sipping tea on a chaise lounge, sunset lighting, contemplative gaze" 作为文本描述，使用 Midjourney v4 和同时期的 Stable Diffusion 模型生成的图像效果对比，如图 5-3 所示。

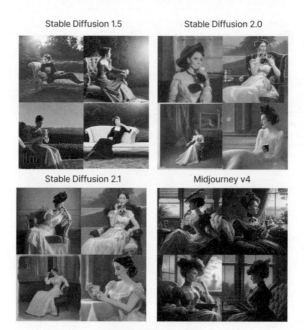

图 5-3　使用 Midjourney v4 与同时期的 Stable Diffusion 模型生成的图像效果对比

　　niji·journey v4 是一个专注于动漫风格生成的模型，它是 Midjourney 引入了大量的 "二次元" 数据并对 Midjourney v4 模型进行微调的结果。niji·journey v4 模型更擅长生成各种动漫风格的图像，如新海诚风格、美国漫画风格等。

　　Midjourney v5 生成的图像质量再次得到了提升，对手部、脸部细节的处理有了显著改进，图像与文本描述的一致性也更好。

Midjourney v5.1 生成的图像在风格和内容上更为协调，相较于 Midjourney v5 在文本描述理解能力上有了显著提升，同时支持使用--tile 参数创建重复图像模式。

Midjourney v5.2 生成的图像更精细、清晰度更高。相较于之前的版本，Midjourney v5.2 在文本描述处理方面稍有改善，并且在生成图像风格的控制上更灵活。

Midjourney v6 体现了更加细腻的图像生成能力，它和同时期的 Imagen 2、DALL·E 3 模型一样，增强了模型处理长文本描述的能力。

与 niji·journey v4 的训练方式类似，niji·journey v5 和 niji·journey v6 分别在 Midjourney v5 和 Midjourney v6 基础上，使用动漫风格数据进行的模型微调。

5.1.3 技术方案推测

毫无疑问，Midjourney 的技术方案细节只为少数人所知。但通过已披露的信息，我们仍可以挖掘出这个模型的关键线索。

- 线索 1：扩散模型击败 GAN。2021 年 5 月，OpenAI 的两位研究人员 Prafulla Dhariwal 和 Alex Nichol 发表了一篇名为 "Diffusion Models Beat GANs on Image Synthesis" 的论文，阐述了扩散模型在图像生成任务上的潜力。在 2022 年 11 月的一次对 Midjourney CEO 的访谈中，David Holz 透露公司受到扩散模型技术的启发，在 2021 年 7 月开发出了第一个模型。据此推断，Midjourney 公司可能正是受到这篇论文的启发，开始了对 AI 图像生成模型的探索之旅。

- 线索 2：Disco Diffusion 的影响。Midjourney 公司的核心成员之一 Maxwell Ingham，曾参与知名开源 AI 图像生成模型 Disco Diffusion 的开发。Disco Diffusion 采用了 CLIP 模型作为文本描述引导的扩散模型。将 Midjourney 早期版本的图像生成效果与 Disco Diffusion 的图像生成效果对比，如图 5-4 所示，可以发现，Midjourney 早期版本和 Disco Diffusion 在风格上有着惊人的相似性。

- 线索 3：Midjourney v4 的发布时机与设计思路选择。David Holz 在采访中提到，Midjourney v4 虽然采用了全新的代码实现，但并非所有模块都是重新训练的。他还明确指出，基础模型是扩散模型，且融合了 CLIP 技术。考虑到同时期其他关键工作的时间线——DALL·E 2 的论文 "Hierarchical Text-Conditional Image Generation with CLIP Latents" 于 2022 年 4 月发表，Imagen 的论文 "Imagen: Photorealistic Text-to-Image Diffusion Models with Deep Language Understanding" 于 2022 年 5 月发表，而 Stable Diffusion 模型于 2022 年 8 月开源，我们可以大胆推测，Midjourney v4 可能借鉴了 DALL·E 2 和 Imagen 的设计思路。

- 线索 4：Midjourney v4 的能力与不足。除上述线索，Midjourney 自身的 AI 图像生成能力也提供了重要信息。例如，Midjourney 模型在图像叠加（垫图）方面表现出色，Midjourney 的"图生图"功能可以生成穿着特定衣物的人物图像，这是同时期的 Stable Diffusion 模型难以实现的。另外，Midjourney v4 和 v5 模型都不能在图像中准确写入文字。以 "A beautifully crafted wooden sign with "deep learning is interesting"" 作为文本描述，图 5-5 对比了经典 AI 图像生成模型 DeepFloyd IF、SDXL 1.0、ideogram、Midjourney v4 在图像中写入文字的能力。在 4.2 节中讨论了 T5-XXL 模型和 CLIP 文本编码器的差异，前者具有更多的参数量和更强的文本特征提取能力。通常使用 T5-XXL 作为文本编码器的模型可以处理在图像中写入文字的任务，比如 DeepFloyd IF、Imagen 和 DALL·E 3 等。从图 5-5 中可以看出，Midjourney v4 并不擅长在图像中写入文字，因此可以大胆推测，Midjourney v4 使用的文本编码器是 CLIP。

（a）Midjourney 早期版本　　　　　　　　　　（b）Disco Diffusion

图 5-4　Midjourney 早期版本和 Disco Diffusion 的图像生成效果对比

DeepFloyd IF　　　**SDXL 1.0**　　　**ideogram**　　　**Midjourney v4**

图 5-5　在图像中写入文字的能力对比

既然 Stable Diffusion 图像变体模型能够生成图像变体，并且 Stable Diffusion 不擅长在图像中写入文字，Midjourney 是否有可能采用了 Stable Diffusion 的技术方案？推测 Midjourney 并未直接采用 Stable Diffusion 的技术方案，主要原因有以下两个。

- Stable Diffusion 图像变体模型的发布时间晚于 Midjourney v4 的，而 Midjourney v4 已经实现了垫图功能。

- Stable Diffusion 在 VAE 潜在空间的加噪、去噪过程中，生成小脸、复杂背景等图像时存在明显瑕疵，Midjourney 在这方面的表现则更为出色。

综上分析，Midjourney 背后的技术方案已经初现端倪。我们可以推测出 Midjourney 背后的技术方案的演化历程如下。

- 2021 年 5 月，扩散模型在图像生成效果上首次超越了 GAN。Midjourney 公司捕捉到了这个趋势，并以此为基础启动了 Midjourney v1 模型的研发。

- 2022 年 2 月，经过超过半年的数据积累和技术实践，同时汲取了 Disco Diffusion 的经验与技术，Midjourney 推出了 Midjourney v1 模型。其后续的 Midjourney v2 和 Midjourney v3，应该也沿用了相似的技术方案。

- 2022 年 4 月至 2022 年 5 月，随着 DALL·E 2 和 Imagen 等 AI 图像生成模型的相继发布，以及它们背后的技术方案逐渐公开，Midjourney 公司及时调整了自己的技术方案。Midjourney 公司利用已积累的大量数据和丰富的训练经验，迅速借鉴了 DALL·E 2 等模型的核心设计思路。Midjourney v4 模型很可能就是在这样的背景下诞生的。

- 2022 年 11 月至 2023 年 3 月，Stable Diffusion 技术的开源催生了各类 AI 图像生成模型的激增。Midjourney 在继续吸取行业内的有用经验，并积累高质量数据的同时，保留了 Midjourney v4 模型的技术方案，进而开发出了 Midjourney v5 模型。

- 2023 年 3 月至 2023 年 12 月，受到 DALL·E 3 等工作的启发，Midjourney 加强对训练数据的图像标题的优化，完成了 Midjourney v6 模型的开发和发布。

了解了 Midjourney 背后的技术方案的演化历程后，可以从中得到以下 3 点重要启发。

- 数据的重要性不言而喻。Midjourney 公司在过去几年中收集并标注了大量高质量的数据，这为其发布的 Midjourney 模型的 AI 图像生成技术的卓越表现提供了坚实基础。对于行业的后来者，要在短时间内积累同样规模和质量的数据，无疑是一项艰巨的挑战。

- 持续关注新技术的动态至关重要。从初始论文 "Diffusion Models Beat GANs on Image Synthesis" 到后来的 DALL·E 2 的论文 "Hierarchical Text-Conditional Image Generation with CLIP Latents" 和 Imagen 的论文 "Imagen: Photorealistic Text-to-Image Diffusion Models with Deep Language Understanding"，Midjourney 始终保持对行业新技术的动态的敏锐洞察力。这些技术方案为 Midjourney 提供了快速借鉴和应用的可能，特别是将技术方案借鉴和应用在其庞大的优质数据集上。

- 专注和坚持是成功的关键。Midjourney 的成功证明，打造行业领先的 AI 图像生成模型并非必须依赖庞大的算法团队，关键在于专注于 AI 图像生成领域，并持续不断地收集数据和探索新技术方案。

对于仍在努力追赶 Midjourney 的企业，从其发展路径中吸取经验至关重要。

要训练出高质量的 AI 图像生成模型，核心在于数据和方法的准确选择。即使使用相同的代码，如果数据不同，例如分别使用从互联网抓取的 LAION-5B 数据集与专门筛选的高质量数据集，最终训练得到的 AI 图像生成模型质量也将大不相同。对于期望打造高质量、垂直领域 AI 图像生成模型的团队，目前的最佳策略之一是找到优秀的开源 AI 图像生成模型，并用高质量数据集对其进行微调。

未来，或许还会出现类似 Midjourney 这样的"技术方案相对隐蔽"的模型。在分析其技术方案时，可以参考本节使用的以下推理方法。

- 审视产品所宣称的技术背景，了解哪些技术在当前较为流行且已开源。

- 从产品团队透露的细节中搜集线索，进一步缩小可能的技术范围。

- 最重要的方法之一是，观察产品呈现的优势和不足，判断其最可能采用的技术方案。

5.2　SDXL 的技术方案与使用

SDXL 模型也被用户戏称为"神雕侠侣"。如果认为 Stable Diffusion 图像变体模型的目标是对标 DALL·E 2 的图像变体功能，SDXL 模型则用来对标 Midjourney v4 和 Midjourney v5 的图像生成能力。

在 SDXL 推出前，虽然各种 Stable Diffusion 模型及微调后的模型在 Hugging Face、Civitai 等社区备受追捧，但遗憾的是，它们的图像生成效果始终和 Midjourney v4、Midjourney v5 的有很大差距。于是，Stability AI 公司采用"大力出奇迹"的方案，开发了 SDXL 模型。

5.2.1　惊艳的绘图能力

2023 年 6 月，SDXL 0.9 正式发布，一个月后 SDXL 1.0 正式发布。SDXL 1.0 与 DeepFloyd IF、ideogram、DALL·E 3、Midjourney v6、Midjourney v4 的图像生成效果对比如图 5-6 所示。

从上向下，图 5-6 中各模型生成图像所用到的文本描述如下。

- A half-body photo of a Chinese girl with her cheek resting on her hand, her long hair flowing, wearing a light gray sweater, against a background of golden wheat fields, with her nails painted black, and her eyes looking straight into the camera.

- A dragon fruit wearing karate belt in the snow.

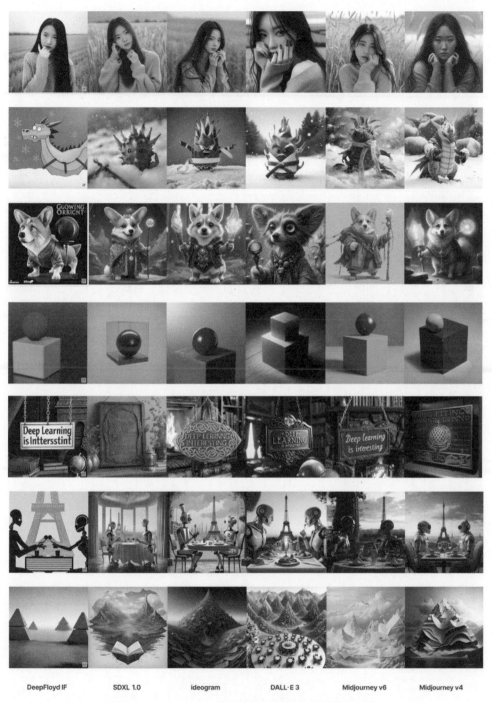

| DeepFloyd IF | SDXL 1.0 | ideogram | DALL·E 3 | Midjourney v6 | Midjourney v4 |

图 5-6 SDXL 1.0 与其他模型的图像生成效果的对比

- In a fantastical realm, a detailed furry humanoid corgi with oversized, expressive eyes and sunset-orange fur stands on two legs. Dressed in an exotic jacket adorned with ancient runes and a necklace of rare crystals, it wields an enchanted staff topped with a glowing orb and arcane script.

- Photograph of a red ball on the top of a blue cube.

- A beautiful crafted wooden sign with "deep learning is interesting".

- A robot couple fine dining with Eiffel Tower in the background.

- In a realm where mountains are made of piled words and seas filed with endless meetings, a surreal landscape symbolizes the overload of information and discussion.

对比图 5-6 中各模型的图像生成效果可以看出，相比于 Midjourney v4、ideogram 和 DeepFloyd IF 等模型，SDXL 1.0 模型的图像生成能力毫不逊色。

5.2.2　使用级联模型提升效果

了解了 SDXL 的图像生成能力，再探讨它的算法原理。SDXL 采用级联模型的方式完成图像生成。级联模型就是将多个模型按照顺序串联，其目的是完成更复杂的任务。SDXL 在 VAE 的潜在空间进行加噪、去噪操作，相比于 Stable Diffusion 1.4、Stable Diffusion 1.5 等模型只使用一个 U-Net 模型，SDXL 将 Base 模型和 Refiner 模型两个 U-Net 模型进行串联，Refiner 模型得到的潜在表示经过 VAE 解码器后得到最终图像效果。SDXL 的基本算法原理如图 5-7 所示。

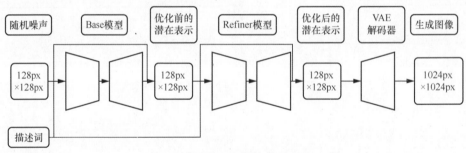

图 5-7　SDXL 的基本算法原理

Stable Diffusion 1.x 系列模型的潜在表示的维度是 64×64×4，而 SDXL 为了生成更清晰的图像，直接在维度是 128×128×4 的潜在表示上进行去噪计算。Base 模型的整体思路和 Stable Diffusion 模型的一致，不过它更换了更强的 CLIP、VAE 模型，使用了更大的 U-Net 模型。

Base 模型去噪后的潜在表示也使用了较少的加噪步数（如 200 步）进行加噪，并对 Refiner 模型进行训练。Refiner 模型的作用类似于"图生图"功能：Base 模型已经生成了清晰的图像，默认尺寸是 1024px×1024px；然后给这张图像加入少许噪声，Refiner 模型负责二次去除这些噪声。使用较少的加噪步数是为了避免加噪成纯粹的噪声图，否则就很难保留 Base 模型生成的图像的"绘画成果"了。总之，引入 Refiner 模型，可以进一步提升 AI 图像生成的效果。经过 Refiner 模型得到的潜在表示，在经过 VAE 解码器后得到 1024px×1024px 的图像。

5.2.3 更新基础模块

SDXL 模型没有沿用 Stable Diffusion 1.x 和 Stable Diffusion 2.x 模型中使用的 VAE 模型，而是基于同样的模型架构，使用更大的训练批次重新训练 VAE。从 3.1 节的讨论可知，VAE 的图像恢复能力决定了 Stable Diffusion 模型生成图像的质量，未经过单独调优的 VAE 并不擅长处理小脸图像和图像细节的恢复。而 SDXL 单独训练的 VAE 模型，在各种图像生成评测任务中生成图像的质量都有明显提升，评测指标如表 5-1 所示，PNSR、SSIM 指标越高代表 VAE 的图像恢复能力越强、生成图像的质量越好，LPIPS、rFID 指标越低代表 VAE 的图像恢复能力越强、生成图像的质量越好。

表 5-1 SDXL 重新训练的 VAE 模型效果

模型名称	PNSR	SSIM	LPIPS	rFID
SDXL-VAE	24.7	0.73	0.88	4.4
Stable Diffusion-VAE 1.x	23.4	0.69	0.96	5.0
Stable Diffusion-VAE 2.x	24.5	0.71	0.92	4.7

下面介绍 CLIP。Stable Diffusion 1.x 系列使用的是 CLIP ViT-L/14 模型，该模型来自 OpenAI，参数量是 123M。而 Stable Diffusion 2.x 系列将文本编码器升级为 OpenCLIP 的 ViT-H/14 模型，该模型的参数量是 354M。SDXL 更进一步，使用了两个文本编码器，分别是 OpenCLIP 推出的参数量为 694M 的 ViT-bigG/14 模型和 OpenAI 的 ViT-L/14 模型。在实际使用中，分别提取这两个文本编码器倒数第二层的特征，将 1280 维特征（Vit-bigG/14）和 768 维特征（ViT-L/14）进行拼接，得到 2048 维文本特征。

将两个不同的 CLIP 模型组合使用，有以下两个原因。

- 不同 CLIP 模型具有不同的文本特征提取能力，将它们组合使用可以形成能力互补。

- 在 4.2 节中通过对比 T5 模型和 CLIP 模型可以得出初步结论，更大的模型通常意味着更强的文本特征提取能力，从而为 AI 图像生成模型带来更强的指令理解能力。

在实际工作中，可以借鉴 SDXL 将不同 CLIP 模型组合使用的经验，将中文 CLIP 和英文 CLIP 模型组合使用，帮助 AI 图像生成模型同时理解中文文本描述和英文文本描述。

现在再分析 SDXL 中的 U-Net 模型结构，如图 5-8 所示。相比于 Stable Diffusion 1.x 模型的 U-Net 模型，SDXL 中包含交叉注意力机制的下采样模块只有两层，U-Net 模型的最小的潜在表示尺寸也从 8px×8px 提升到了 32px×32px。同时，在下采样模块内部，SDXL 也使用了更多层的 Transformer 结构。

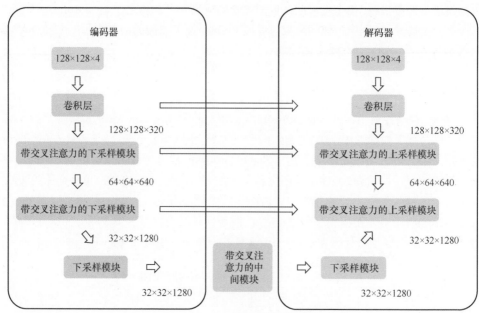

图 5-8　SDXL 中的 U-Net 模型结构

总结上述内容，SDXL 使用"大力出奇迹"的训练策略，不仅使用级联模型替代了单一的 U-Net 模型，还更新了 VAE 模型和 CLIP 模型，同时为 U-Net 模型引入了更多模型参数。表 5-2 所示为 SDXL 模型和 Stable Diffusion 1.x、Stable Diffusion 2.x 系列的模型结构对比。

表 5-2　SDXL 与其他 Stable Diffusion 模型结构对比

模型	SDXL	Stable Diffusion 1.x	Stable Diffusion 2.x
U-Net 模型参数量	2.6B	860M	865M
文本编码器	CLIP ViT-L/14 & OpenCLIP ViT-bigG/14	CLIP ViT-L/14	OpenCLIP ViT-H/14
特征维度	2048	768	1024

可以看出，SDXL 的 U-Net 模型的参数量为 2.6B，是其他 Stable Diffusion 模型的 3 倍左右。但该 U-Net 模型相比于 DeepFloyd IF 模型的参数量为 4.3B 的 U-Net 模型，还是"小巫见大巫"。

5.2.4　使用 SDXL 模型

同 Stable Diffusion 图像变体模型一样，SDXL 模型也可以通过 ClipDrop 和写代码两种方式体验。对于第一种方式，打开 ClipDrop 后选择 SDXL 功能并写入文本描述，稍加等待便可以完成图像生成。

代码清单 5-1 所示为通过写代码使用 SDXL 1.0 模型实现"文生图"的方式。在这段代码中，首先从官方仓库下载 SDXL 1.0 对应的模型。然后，SDXL 1.0 模型根据输入的文本描述完成图像生成。可以看到，代码中加载了 Base 和 Refiner 两个扩散模型，AI 图像生成的过程也是使用这两个模型通过"接力"的方式进行的。

代码清单 5-1

```
from diffusers import StableDiffusionXLPipeline, StableDiffusionXLImg2ImgPipeline
import torch

# 下载并加载 SDXL 1.0 的 Base 模型，若未来 SDXL 模型更新版本，需要根据实际情况替换版本号
pipe = StableDiffusionXLPipeline.from_pretrained(
        "stabilityai/stable-diffusion-xl-base-1.0", torch_dtype=torch.float16,
        variant="fp16", use_safetensors=True
)
pipe.to("cuda")

# 下载并加载 SDXL 1.0 的 Refiner 模型，若未来 SDXL 模型更新版本，需要根据实际情况替换版本号
refiner = StableDiffusionXLImg2ImgPipeline.from_pretrained(
        "stabilityai/stable-diffusion-xl-refiner-1.0", torch_dtype=torch.float16,
        use_safetensors=True, variant="fp16"
)
refiner.to("cuda")

prompt = "ultra close-up color photo portrait of a lovely corgi"

use_refiner = True
# 使用 Base 模型生成图像
image = pipe(prompt=prompt, output_type="latent" if use_refiner else "pil").
images[0]

# 使用 Refiner 模型生成图像
image = refiner(prompt=prompt, image=image[None, :]).images[0]
```

图 5-9 所示为 Base 模型和 Refiner 模型生成的图像效果。

（a）SDXL-Base　　　　　　　　　　　　　　（b）SDXL-Refiner

图 5-9　SDXL 的 Base 模型和 Refiner 模型生成效果

可以看到,在生成图像效果上,Base 模型和 Refiner 模型都不错,而在细节上 Refiner 模型更胜一筹。

事实上,SDXL 0.9 相当于测试版,Stability AI 公司根据用户体验反馈针对性地补充了训练数据,同时还引入了人类反馈强化学习(Reinforcement Learning with Human Feedback,RLHF)技术,才完成 SDXL 模型的优化。

RLHF 技术的关键在于利用人类的经验来指导和改进 AI 的学习过程,该技术对于难以仅靠数据和算法捕捉到的复杂、微妙或高度主观的任务尤为有效。在图像生成任务中,让人类艺术家评价 AI 生成的画作,并根据这些评价调整 AI 图像生成模型,使之能够生成更符合人类审美的艺术作品。

5.3 更"听话"的 DALL·E 3

时隔一年半,在 2023 年 9 月 OpenAI "悄悄"发布了 DALL·E 3 AI 图像生成模型。相比 Midjourney v5.2、SDXL 等当时的优秀模型,DALL·E 3 在长文本的"文生图"、在图像中写入文字等方面展现了显著优势。

紧接着在 10 月,OpenAI 公开了 DALL·E 3 的技术报告,DALL·E 3 背后所用的技术方案也终于公之于众,刷新了算法工程师对 AI 图像生成模型的理解。

DALL·E 3 有以下两方面的探索值得关注。

- 如何用生成数据训练模型。
- 如何将各种 AI 图像生成模型训练技巧有机地组合。

近两年 AI 图像生成领域围绕能否使用生成数据训练大模型的话题一直争论不休。自助引导语言-图像预训练(Bootstrapping Language-Image Pre-training,BLIP)这类模型为图像生成的描述,无论是用于训练"文生图"模型,还是训练类似 GPT-4V 的图文问答模型,都没有带来显著的收益。如今,DALL·E 3 的成功无疑证实了生成数据用于模型训练的可行性,也将引领下一波用生成数据优化 AI 图像生成模型的趋势。

5.3.1 体验 DALL·E 3 的功能

体验 DALL·E 3 的功能需要使用 OpenAI 提供的服务。openaI 工具包和密钥的使用方式参见 4.1.1 节的说明。通过代码清单 5-2 便可以使用 DALL·E 3 的图像生成功能。

代码清单 5-2

```
from openai import OpenAI

client = OpenAI()
# 使用"文生图"功能
response = client.images.generate(
```

```
model="dall-e-3",
prompt="A dragon fruit wearing karate belt in the snow",
size="1024x1024",
quality="standard", #如使用 hd 模式，将消耗更多词符
n=1,
)

image_url = response.data[0].url
```

在相同的文本描述下分别使用 DALL·E 2、Imagen、Midjourney 和 DALL·E 3 模型生成图像，对比图像效果后可以得出一个初步结论：相较于 DALL·E 2、Imagen、Midjourney 模型，DALL·E 3 模型在图像生成能力、提示跟随能力上有较大提升，尤其擅长处理在图像中写入文字的任务、长文本的"文生图"任务。

DALL·E 3 能力的提升主要源自更好的数据策略，同时丢弃 DALL·E 2 所采用的 unCLIP 结构，选择在 Stable Diffusion 方案的基础上做出定制化改进。

5.3.2　数据集重新描述

虽然 Stable Diffusion 模型的"文生图"效果在不断提升，但是在使用 Stable Diffusion 时，还是会经常遇到生成图像很难准确遵循文本描述的情况，也就是模型"不够听话"。这本质上是由于训练数据主要源自互联网，这些数据存在图文一致性差的问题。

DALL·E 3 论文的作者认为模型"不够听话"的问题主要是训练数据造成的，具体来说，训练数据至少存在以下 4 个问题。

- 原始图像标题通常只关注图像主体部分而忽略细节，如厨房中的水槽、人行道的标志牌。

- 原始图像标题对图像物体的位置、数量等的描述往往不准确。

- 原始图像标题对图像物体的颜色、大小等常识性知识的描述存在缺失。

- 原始图像标题通常不会描述图像中展示的文字内容。

如果原始图像标题的内容更完整，训练出的 AI 图像生成模型可能更"听话"。正是基于这样的考量，DALL·E 3 使用了数据集重新描述（Dataset Recaptioning）策略，也就是丢弃原始图像标题，用专门的模型生成更准确的图像描述。

那么具体要用什么模型生成图像描述呢？在 DALL·E 3 发布前常用的模型是 BLIP、DeepDanbooru 等。这些模型生成的图像描述存在一定问题：BLIP 生成的图像描述像一个模子里刻出来的，通常是一句简单的话；DeepDanbooru 这类模型生成的图像描述通常是一系列标签短语。所以使用这些模型时，需要使用"1girl"这类奇奇怪怪的文本描述。

既然常用的模型不能生成理想的图像描述，DALL·E 3 便重新训练了描述生成模型。训练过程分为预训练和模型微调两个阶段。

在预训练阶段，使用 CLIP 图像编码器提取的图像特征作为输入，使用源自互联网

的原始图像标题作为目标输出，通过自回归的方式进行图像描述生成，也就是每次预测下一个词符。

　　由于用于训练的目标输出存在前面提到的 4 个问题，预训练模型为图像生成的图像描述同样存在这 4 个问题。因此，DALL·E 3 论文的作者提出需要对预训练模型进行第二阶段的微调。预训练模型的目的是使用大量数据让模型具备基本的图像理解能力，微调的目的则是通过少量数据让模型输出信息丰富的图像描述。

　　在模型微调阶段，问题的关键还是如何构造高质量的训练语料，DALL·E 3 论文的作者使用两种不同的标题语料得到两个图像描述生成模型。第一个模型使用的语料仅包含图像主体内容描述，第二个模型使用的语料则包含内容翔实的图像内容描述，包括文字信息、颜色细节等。这个阶段的训练过程和预训练阶段的相同，两个图像描述模型生成的图像描述分别被称为短合成描述（Short Synthetic Captions，SSC）和详细合成描述（Descriptive Synthetic Captions，DSC）。

　　虽然 DALL·E 3 论文中没有说明这两份训练语料是如何获得的，我们还是可以大胆猜测，这两份训练语料是由 GPT-4V 模型生成的。我们通过 GPT-4V 模拟这个过程。首先上传一张图像，然后要求 GPT-4V 生成两个图像描述，对应 DALL·E 3 论文中的短合成描述和详细合成描述。图 5-10 所示为使用 GPT-4V 模拟生成短合成描述和详细合成描述的效果，对比 DALL·E 3 论文给出的样例，可以发现图像描述在颗粒度上非常相似。

原始图像标题
magic dog

短合成描述（使用GPT-4V模型）
a corgi dressed as a wizard holding a staff

详细合成描述（使用GPT-4V模型）
An intricately detailed furry humanoid corgi standing amidst ethereal surroundings. Clad in an elegant, regal attire, the figure holds a radiant staff, while their posture exudes a sense of wisdom and power, suggesting they are a guardian or sage within this fantastical realm.

图 5-10　使用 GPT-4V 模拟生成短合成描述和详细合成描述

　　既然 OpenAI 能用自家的 GPT-4V 输入图像以生成短合成描述和详细合成描述，为什么不直接用 GPT-4V 为所有训练数据生成图像描述，而是舍近求远，微调一个单独的描述生成模型呢？推测 OpenAI 这样做主要还是出于对成本的考虑。GPT-4V 为一张图像生成描述需要的参数量是巨大的。相比之下，一个单独的图像描述生成模型对应的参数量要少得多。

5.3.3　生成数据有效性

　　完成了对图像数据的重新描述，下一步就是验证生成数据的有效性，需要通过实验回答以下两个问题。

- 问题 1：使用生成数据是否会影响 AI 图像生成模型的最终表现？

- 问题 2：生成数据和真实数据的最佳混合比例是多少？

针对问题 1，DALL·E 3 论文的作者设计了 3 个实验，仅使用真实数据训练"文生图"模型、使用 95% 的短合成描述训练"文生图"模型和使用 95% 的详细合成描述训练"文生图"模型，测试集为 50000 条未参与训练的真实文本描述、短合成描述和详细合成描述。评估"文生图"任务的表现时，使用 CLIP 模型计算文本描述和生成图像的图文一致性。具体来说，就是用 CLIP 的图像编码器提取图像特征，文本编码器提取文本特征，然后计算它们归一化之后的余弦相似度，用 1 减去余弦相似度便是余弦距离。余弦距离越小，表示图文一致性越强，也就代表了 AI 图像生成模型越"听话"。余弦距离的计算如代码清单 5-3 所示。DALL·E 3 论文中的实验结果表明，使用详细合成描述进行"文生图"训练，测试时图文一致性更强。

代码清单 5-3

```python
import numpy as np

def cosine_distance(a, b):
    dot_product = np.dot(a, b)
    norm_a = np.linalg.norm(a)
    norm_b = np.linalg.norm(b)
    cosine_similarity = dot_product / (norm_a * norm_b)

    # 由于精度问题，有时候 cosine_similarity 可能略大于 1，所以使用 clip 进行截取操作
    cosine_similarity = np.clip(cosine_similarity, -1.0, 1.0)

    cosine_distance = 1.0 - cosine_similarity

    return cosine_distance

# 使用示例
a = np.array([1,2,3])
b = np.array([4,5,6])

print(cosine_distance(a, b))
```

5.3.4　数据混合策略

针对 5.3.3 节的问题 2，既然生成数据比真实数据更优质，那么读者自然会想到这样一个问题——在训练的时候能否只使用生成数据？答案是不能。这是因为，如果只使用生成数据，模型很容易过拟合到某个不知道的范式上，例如首字母必须大写、文本描述必须以句号结尾等，这些范式与使用的描述生成模型息息相关。在这种情况下，用户自己写文本描述进行 AI 图像生成的时候，由于不满足训练数据的范式，"文生图"的效果就会大打折扣。针对这个问题，DALL·E 3 给出了以下两个有趣的解决思路。

- 解决思路 1：既然互联网图像的文本描述多数是人工撰写的，那么就让模型既学习生成数据，也学习真实数据，即使真实数据质量不高。DALL·E 3 论文中设计了多组详细合成描述数据和真实数据的混合实验，在实验中详细合成描述数据的占比分别为 65%、80%、90%、95%等，仍旧使用 CLIP 图像和文本特征的余弦距离评估图文一致性。实验结果表明，详细合成描述数据占比为 95%的实验训练得到的模型效果最好。DALL·E 3 的模型便是使用这个数据占比训练得到的。

- 解决思路 2：使用 ChatGPT 对用户输入的文本描述"扩写"，DALL·E 3 论文中称之为"upsampled"。扩写后的文本描述不仅包含更多细节信息，而且能够帮助模型处理复杂的逻辑关系。"扩写"前后的生成效果对比如图 5-11 所示，原始的文本描述比较简短，使用其生成的图像的细节较少，而使用扩写后的文本描述生成的图像的细节更为丰富。

原始文本描述：A bird scaring a scarecrow.　　原始文本描述：Mountain is made of books.

扩写文本描述：In the calm countryside bathed in the soft light of a setting sun, imagine an inverted power dynamic taking place in a field. A brightly colored, imposing bird, maybe a raven or a falcon, perched on a rickety wooden fence, is frightening a tattered scarecrow. The scarecrow, stuffed with straw and dressed in old, worn-out clothes, stands tall on its post in the middle of a golden wheat field but looks comically terrified, it's painted rosy cheeks contrasting starkly with its wide-eyed surprise.

扩写文本描述：Imagine a spectacular mountain landscape. However, this is no ordinary mountain. Instead, it's composed entirely of books. Varying sizes, shapes and book cover colors make up the intricate details of the majestic mountain. The light of the setting sun transforms these book-mountains into an enchanting scene, casting a warm glow on the novel peaks and valleys. A light breeze makes the pages rustle, adding a unique personality to this extraordinary scene. Depict this mesmerizing image of a book mountain in a natural setting, suffused with the serene magic of the twilight.

图 5-11 文本描述"扩写"前后的生成效果对比

关于"扩写"有效的原因,一种可能的解释是详细合成描述和短合成描述的训练数据同样是用 ChatGPT 生成的,所以使用 ChatGPT 对用户提供的文本描述进行"扩写",也是为了让 DALL·E 3 的输入文本描述更加贴近训练数据的范式,避免模型出现"翻车"的现象。

5.3.5 基础模块升级

DALL·E 2 使用的是 unCLIP 结构,DALL·E 3 没有使用这种结构,而是借鉴了 Stable Diffusion 的思路,引入了 VAE 模型,在潜在空间进行加噪和去噪。在 DALL·E 3 中,VAE 的编码器对训练图像进行 8 倍下采样,在 256px×256px 的图像上进行训练,得到 32px×32px 的潜在表示,提升了扩散模型的训练效率。

同时,DALL·E 3 将 DALL·E 2 的 CLIP 文本编码器换成了谷歌的 T5-XXL 模型。但是实际测试结果表明,DALL·E 3 在图像中写入文字的能力要明显强于 DeepFloyd 这类同样使用 T5-XXL 进行文本编码的模型。推测背后的原因仍旧是详细合成描述数据本身包含训练图像中的文字,数据质量的提升让 DALL·E 3 能更好地发挥 T5-XXL 的能力。

此外,DALL·E 3 还升级了时间步编码的作用机制。图 5-12 所示为 DALL·E 3 中

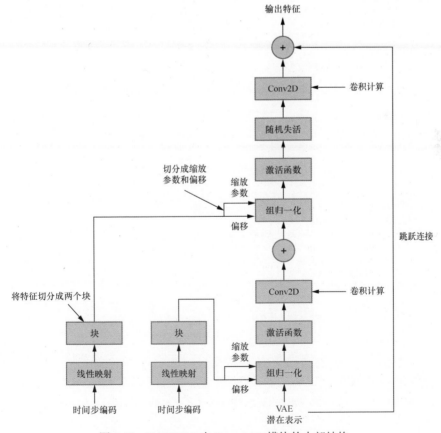

图 5-12 DALL·E 3 中 Resnet 2D 模块的内部结构

Resnet 2D 模块的内部结构，其中展示了时间步编码作用于 Resnet 2D 模块的方式。对比图 3-24，在 Stable Diffusion 中，时间步编码通过线性映射直接"加到"图像特征上。在 DALL·E 3 中，时间步编码通过两个可学习的线性映射层，被拆分成两个块，分别得到缩放参数和偏移，作用于原始 Resnet 2D 模块的组归一化部分。简言之，不同时间步可以得到不同的缩放参数和偏移，从而影响这一时间步的组归一化的计算。代码清单 5-4 所示为 DALL·E 3 的组归一化实现方式。

代码清单 5-4

```python
class AdaGroupNorm(nn.Module):
    """
    修改 GroupNorm 层，以实现时间步编码信息的注入
    """

    def __init__(
        self, embedding_dim: int, out_dim: int, num_groups: int, act_fn:
        Optional[str] = None, eps: float = 1e-5
    ):
        super().__init__()
        self.num_groups = num_groups
        self.eps = eps

        if act_fn is None:
            self.act = None
        else:
            self.act = get_activation(act_fn)

        self.linear = nn.Linear(embedding_dim, out_dim * 2)

    def forward(self, x, emb):
        '''
        x 是输入的潜在表示
        emb 是时间步编码
        '''
        if self.act:
            emb = self.act(emb)

        # DALL·E 3 中提到的
        # "a learned scale and bias term that
        # is dependent on the timestep signal
        # is applied to the outputs of the
        # GroupNorm layers"
        # 对应的就是下面这几行代码

        emb = self.linear(emb)
        emb = emb[:, :, None, None]
        scale, shift = emb.chunk(2, dim=1)

        # F.group_norm 只减去均值再除以方差
        x = F.group_norm(x, self.num_groups, eps=self.eps)

        # 使用根据时间步编码计算得到的缩放参数和偏移完成组归一化的缩放和偏移变换
        x = x * (1 + scale) + shift

        return x
```

关于通过时间步编码影响组归一化计算的原因，推测如下：原始的组归一化中的缩放参数和偏移同样可学习，一旦 U-Net 模型训练完成，对所有时间步 t 都是唯一确定的；而通过时间步 t 精细化调整组归一化的计算，不同时间步 t 得到的缩放参数和偏移不同，可以调控不同时间步 t 对应的组归一化数值范围，这有助于稳定扩散模型预测噪声、去除噪声的过程。

5.3.6 扩散模型解码器

在 DALL·E 3 论文的最后，作者还提到一个有意思的技术细节，就是引入了一个扩散模型解码器，将其放在完成 U-Net 模型去噪后的潜在表示和 VAE 解码器之间。

这个解码器的结构也是一个扩散模型，它的训练过程和标准扩散模型的相同，这个模型的输出通过 VAE 解码后便得到了 DALL·E 3 最终输出的图像。DALL·E 3 论文中使用了名为一致性模型（Consistency Model）的采样技巧，可以在两步内完成扩散模型解码器的采样。作者指出通过新增加的扩散模型解码器，改善了在图像中写入文字、脸部细节生成的效果。

探究扩散模型解码器能够提升图像生成效果的原因，需要回顾 VAE 的训练方式。VAE 编码器会预测出一个用于解码器的潜在表示。试想，此时如果对潜在表示加入一些数据干扰，破坏潜在表示的分布，解码后的图像效果就会打折扣。类似地，在 Stable Diffusion 中，解码器的输入是扩散模型去噪后获得的图像，因此无法保证扩散模型输出的潜在表示可以"完美兼容"VAE 解码器，"文生图"的效果可能变差。

DALL·E 3 的扩散模型解码器更像一个"分布调整器"，将扩散模型输出的潜在表示进行微调，让它更合 VAE 解码器的"口味"。

5.3.7 算法局限性

尽管 DALL·E 3 在提示跟随方面取得了重要的进步，但它也存在自己的算法局限。

首先，DALL·E 3 不擅长处理与定位和空间相关的文本描述。例如，使用"在……的左边""在……的下面""在……的背后"等文本描述生成的效果经常不符合预期。如图 5-13（a）所示，以"Photo of a serene park setting. On the left, a golden retriever sits attentively, gazing forward with its tongue out. On the right, a tabby cat lounges lazily, stretching its legs out and looking towards the dog with a curious expression."为文本描述生成的图像中，空间关系不准确。究其原因是用于训练的详细合成描述在描述对象位置方面并不可靠。正所谓"成也数据、败也数据"。

其次，DALL·E 3 用一些特殊的文本描述来生成图像会失败，例如生成某个特定品种的植物或者鸟类。如图 5-13（b）所示，以"Arum dioscoridis"作为文本描述，DALL·E 3 没有成功生成对应的植物。出现这个问题同样是由于详细合成描述在描述特定品种时不可靠。

最后，DALL·E 3 相比于其他 AI 图像生成模型已经很擅长在图像中写入文字了，但我认为它的表现还不够好。如图 5-13（c）所示，以 "Mountain of words, ocean of literature." 作为文本描述，DALL·E 3 无法将 "Mountain" "literature" 等单词准确地写入图像中。

（a） （b） （c）

图 5-13 DALL·E 3 的算法局限性

5.4 小结

本章围绕 Midjourney、SDXL 和 DALL·E 3 这 3 种典型的 AI 图像生成模型展开讨论。这些模型的技术方案和产品思路决定了 AI 图像生成技术的发展趋势。

首先本章介绍了 Midjourney 模型，包括它的基本用法、不同版本的演化思路以及黑盒之下可能的技术方案。虽然 Midjourney 的技术方案未公开，我们仍可以根据已披露的信息和算法特性，对其背后的技术方案做出一定的推测。

然后本章聚焦于效果惊艳的开源 AI 图像生成模型 SDXL。SDXL 模型在 Stable Diffusion 模型的基础上进行了多项关键改进，包括级联模型的引入和各个基础模块的更新等。我们详细解析了 SDXL 模型的绘画能力和用法，SDXL 展现了开源 AI 图像生成模型的强大潜力。

最后本章讨论了 DALL·E 3 模型的技术更新和算法局限性。从数据集重新描述到基础模块的升级，DALL·E 3 在提示跟随、处理复杂逻辑问题、在图像中写入文字等任务上的能力显著提升。DALL·E 3 对训练数据的处理方式，能够给很多 AI 图像生成模型的升级带来启发。

第 **6** 章

训练自己的 Stable Diffusion

如今的技术爱好者可以使用手中的数据，在 Stable Diffusion 各版本模型的基础上微调属于自己的 AI 图像生成模型，这些模型可以用于生成特定内容和风格的图像，创作众多新奇、有趣的作品。得益于 LoRA 技术和 Stable Diffusion WebUI 等用户友好工具的支持，AI 图像生成模型的应用变得前所未有的简单。

经过前 5 章的讨论，读者应该已经了解了各种常见 AI 图像生成模型的技术原理。本章聚焦于 AI 图像生成技术实战，主要讨论以下 3 个问题。

- 如何理解低成本训练 Stable Diffusion 的神器——LoRA？

- 如何利用 Stable Diffusion WebUI 工具全面体验 Stable Diffusion 的功能？

- 如何通过编写代码微调一个 Stable Diffusion 模型，以满足个性化的创作需求？

6.1 低成本训练神器 LoRA

各种图像生成、图文问答模型在推动技术创新的同时，由于背后巨大的计算量和参数量，也给模型训练带来了很大的挑战，尤其是对于资源有限的个人开发者或者小团队，高昂的计算成本常常被列为制约因素。那么有没有一种方法，可以在保证模型性能的同时，大幅降低训练成本呢？

答案就是本节要讨论的低秩适应（Low-Rank Adaptation，LoRA）。LoRA 是一种全新的模型微调方法，通过引入低秩矩阵有效减少模型训练所需的计算资源。不仅如此，LoRA 还能保持原始模型的复杂性和表达能力，这意味着我们可以在几乎不损失性能的情况下，以更低的成本进行模型训练和微调。本节将深入探讨 LoRA 的基本原理，介绍它是如何实现"小成本、大作为"的。

6.1.1 LoRA 的基本原理

LoRA 技术最开始是为大语言模型设计的，LoRA 在提出后被迅速用于各种模型微调的场景中。在了解它的基本原理前，先复习线性代数的一个基本概念：矩阵的秩。

举个例子，如果有一个 2×2 的矩阵（也就是有 2 行 2 列的矩阵），第二行中元素的数值是第一行中元素数值的 2 倍，那么这个矩阵的秩就是 1，而不是 2，即使这个矩阵有 2 行。因为第二行实际上并没有提供新的信息，它只是第一行元素的 2 倍而已，所以，我们可以把秩理解为矩阵所能提供的信息量或者矩阵所描述的空间维度。

以全连接层为例，输入特征和输出特征的维度设置为 d，这一层要学习的权重矩阵 W 的维度便是 $d \times d$。假设权重矩阵的秩是 r，可以找到矩阵 A 和 B，其中 A 的维度是 $r \times d$，B 的维度是 $d \times r$，使得 $W = BA$。一般来说，r 远小于 d。这在数学上被称为矩阵的低秩分解（Rank Factorization）。假定 $d = 10000$，$r = 100$。那么原始权重矩阵的参数量便是 100M，而 A 和 B 的参数量只有 1M。

LoRA 便利用了矩阵的这个性质。在训练过程中，原始参数矩阵 W 保持固定，学习一个矩阵 $\Delta W = BA$，训练过程中优化矩阵 A 和 B 的权重。这样，对于输入特征 x，输出特征 y 可以使用式（6.1）计算。

$$y = Wx + \Delta Wx = Wx + BAx \qquad (6.1)$$

图 6-1 所示为 LoRA 的基本原理，图中矩阵 A 和 B 便是要学习的两个"小矩阵"部分。

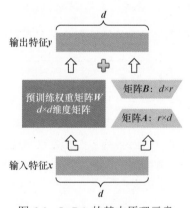

图 6-1　LoRA 的基本原理示意

6.1.2　LoRA 的代码实现

LoRA 最初主要用于全连接层，因为这些层通常包含大量的参数。通过对全连接层的权重矩阵进行低秩分解，可以显著减少模型微调过程中的参数量，从而降低计算成本和提高训练效率。卷积层的参数共享特性本身就比较好，但在某些大型和深层的卷积神经网络中，使用 LoRA 依然能带来效率的提升。在 LoRA 的 GitHub 仓库中包含了 LoRA 在全连接层和卷积层中的代码实现，为了便于读者理解，本节对 LoRA 的代码实现进行简化并分析其思路。

代码清单 6-1 首先定义了一个包含 LoRA 权重的全连接层，随机初始化了一个输入向量 x，然后使用带 LoRA 权重的模型进行一次前向推理。以大语言模型的微调任务为例，通常需要加载原始模型的预训练参数，固定这些参数并为全连接层加入 LoRA 权重参数，模型微调的任务只针对新增加的 LoRA 权重参数进行。

代码清单 6-1

```python
import torch
import torch.nn as nn

class LoRA_FC(nn.Module):
    def __init__(self, d, r):
        super(LoRA_FC, self).__init__()
        self.d = d
        self.r = r
        self.A = nn.Parameter(torch.randn(r, d))
        self.B = nn.Parameter(torch.randn(d, r))

        # 对于预训练模型，self.W为预训练权重，不需要进行梯度更新
        self.W = nn.Parameter(torch.randn(d, d), requires_grad=False)

    def forward(self, x):
        delta_W = self.B @ self.A  # 计算增量权重
        return (self.W + delta_W) @ x

# 示例: d = 10000, r = 100
d = 10000
r = 100
lora_fc = LoRA_FC(d, r)
x = torch.randn(10000,1) # 输入特征
y = lora_fc(x) # 输出特征
print(y.shape)
```

代码清单 6-2 首先定义了一个包含 LoRA 权重的卷积层，随机初始化了一个输入向量 x，然后使用带 LoRA 权重的模型进行一次前向推理。需要指出，对于卷积层，由于其参数共享的特性原本就较好，因此，LoRA 在这里的应用效果可能不如在全连接层中的显著。但如果面对一个参数量极大的卷积神经网络，尤其是在计算资源有限的情况下，LoRA 可能仍然是一种值得考虑的优化方法。

代码清单 6-2

```python
import torch
import torch.nn as nn

class LoRA_Conv2d(nn.Module):
    def __init__(self, in_channels, out_channels, kernel_size, r, stride=1,
                 padding=0, dilation=1, groups=1, bias=True):
        super(LoRA_Conv2d, self).__init__()
        self.conv = nn.Conv2d(in_channels, out_channels, kernel_size, stride,
                 padding, dilation, groups, bias)
```

```
        self.A = nn.Parameter(torch.randn(r * kernel_size, in_channels *
                kernel_size))
        self.B = nn.Parameter(torch.randn(out_channels//groups * kernel_size,
                r * kernel_size))

        # 冻结 self.conv 中的所有参数
        for param in self.conv.parameters():
            param.requires_grad = False

    def forward(self, x):
        delta_W = (self.B @ self.A).view(self.conv.weight.shape)
        self.conv.weight.data += delta_W
        return self.conv(x)

# 示例: 输入通道数为 16, 输出通道数为 32, 卷积核尺寸为 3×3, r 为 5
in_channels = 16
out_channels = 32
kernel_size = 3
r = 5
lora_conv = LoRA_Conv2d(in_channels, out_channels, kernel_size, r, groups = 2)
x = torch.randn(1,16,64,64) # 输入特征
y = lora_conv(x) # 输出特征
print(y.shape)
```

在 LoRA 的论文中，作者进行了大量的实验来验证这种方法的有效性。从实验效果看，LoRA 在保持原有模型架构的基础上，通过对关键参数进行低秩分解和微调，显著提升了模型在特定任务上的性能，同时显著减少了模型微调所需的计算资源。特别是在处理大语言模型（如 GPT-3 等）时，LoRA 不仅能够维持甚至提高模型的图像生成质量和准确度，还能以较低的计算成本实现这些优势。此外，LoRA 在不同的任务和数据集上展现出了良好的通用性和适应性，证明了其作为一种高效的模型优化方法在各类 AI 应用中的广泛可行性。

6.1.3　用于图像生成任务

LoRA 技术一经提出，便被迅速应用于图像生成领域。相较于 GPT-3 这种拥有高达 1750 亿个参数的庞大模型，负责去噪的 U-Net 模型的参数量通常只有几亿。尽管如此，LoRA 技术仍然展现出了其在减少可学习参数方面的显著效果，这不仅有助于简化模型的训练过程，还能大幅降低存储需求。在 Hugging Face 等模型共享社区上，用户可以轻松下载各种风格的 Stable Diffusion 模型的权重。这些模型的大小差异显著：有些模型的大小可能高达 3～4GB，而采用 LoRA 技术优化过的模型大小可能不超过 200MB。后者的小巧体积正是 LoRA 技术精简模型参数、提高存储效率的直接体现。

3.4.4 节深入探讨了 U-Net 模型的内部结构，重点关注了它的多个自注意力机制和交叉注意力机制。现在以 U-Net 模型中的某一层交叉注意力机制的映射矩阵为例，说明 LoRA 技术在图像生成中的具体作用。交叉注意力机制的映射矩阵（W_Q、W_K、W_V、W_O）是关键的参数部分，它们负责转换输入特征或者输出特征的维度。在 Stable Diffusion 模型

中，这些映射矩阵往往包含大量参数。如图 6-2 所示，通过引入 LoRA 权重，可以减少模型在训练时的内存占用并减轻计算负担。

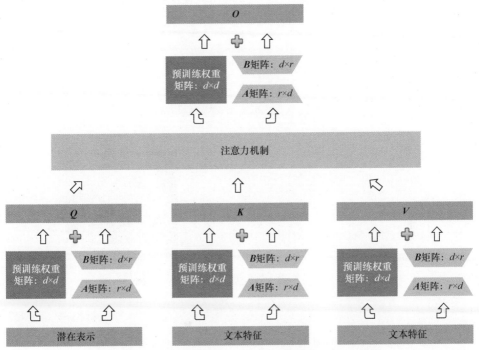

图 6-2　在注意力机制中引入 LoRA 权重减少可学习参数

在 U-Net 模型中，有几十处这样的注意力机制映射矩阵，可以使用 LoRA 技术逐一优化对应的权重矩阵 A 和权重矩阵 B。当 LoRA 模型训练完成后，我们只需要保存这里的几十处 LoRA 权重即可，这些权重一般只占用几十兆字节的存储空间。

6.2　Stable Diffusion WebUI 体验图像生成

2022 年 10 月，开源社区 AUTOMATIC1111 推出了名为 "Stable Diffusion WebUI" 的图形化程序，为普通用户提供了使用 Stable Diffusion 模型的用户界面（User Interface，UI）工具。

在 Stable Diffusion WebUI 中，用户可以使用 Stable Diffusion 模型完成一系列的功能，包括 "文生图" "图生图"，以及图像补全等，甚至还能自定义训练具有指定风格的全新模型。由于开源、易于上手和功能全面等诸多优势，Stable Diffusion WebUI 迅速成为 Stable Diffusion 系列模型的最出色、使用最广泛的图形化程序之一。Stable Diffusion WebUI 的页面如图 6-3 所示。

可以看到，在这个页面最上面的部分，可以选择各种不同的 Stable Diffusion 模型

（如 Stable Diffusion 1.5、SDXL 等）和不同的图像生成功能（如 txt2img、img2img 等）；左下角的部分用于设置参数（如随机种子、生成图像的尺寸等）；右下角的部分可以展示图像生成的效果，供用户根据喜好决定是否将图像保存到本地。

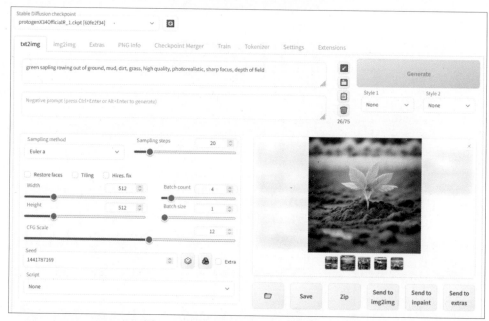

图 6-3　Stable Diffusion WebUI 页面展示

在对比其他 AI 图像生成模型，如 Midjourney、DALL·E 2、DALL·E 3 时，Stable Diffusion WebUI 展现出其独特优势。它不仅能在个人计算机或服务器上免费运行，还提供了广阔的改造和扩展空间，满足了不同用户的个性化需求。特别值得一提的是，随着开源社区的积极参与，Stable Diffusion WebUI 融入了众多插件，如 LoRA、ControlNet 等，极大提高了内容创作的便利性和多样性。

6.2.1　本地 AI 图像生成模型

在本地 AI 图像生成模型方面，Stable Diffusion WebUI 已经适配多个平台，包括 Windows、macOS 和 Linux 系统，并支持英伟达、AMD 以及苹果 M 系列芯片等 GPU 架构。这样的跨平台性和兼容性，使得 Stable Diffusion WebUI 成为追求创作自由的 AI 图像生成艺术家的优先选择。

如果读者拥有个人显卡或 GPU 服务器，并且希望按照官方的安装方式对 Stable Diffusion WebUI 进行操作，那么首先需要下载 Stable Diffusion WebUI 的代码。可以使用如下 Git 命令将其复制到本地。

```
git clone https://github.com/AUTOMATIC1111/stable-diffusion-webui.git
```

　　如果网络速度比较慢，也可以在 GitHub 主页中找到并下载已打包好的 ZIP 压缩包。

　　对于 Windows 系统用户，安装 Stable Diffusion WebUI 需要完成以下两步操作。

- 安装 Python 3.10.6，勾选 "Add Python to PATH"。

- 在命令提示符窗口中以非管理员的身份运行 webui-user.bat 文件。

　　对于 Linux 系统用户，参考如下命令集合，根据不同的发行版本，先在命令行终端执行相应的命令安装依赖项，然后下载并安装 Stable Diffusion WebUI。

```
# Debian-based:
sudo apt install wget git python3 python3-venv
# Red Hat-based:
sudo dnf install wget git python3
# Arch-based:
sudo pacman -S wget git python3

bash <(wget -qO- https://raw.githubusercontent.com/AUTOMATIC1111/stable-
diffusion-webui/master/webui.sh)
```

　　对于 macOS 系统 M 系列芯片的用户，在命令行终端按照如下命令安装。

```
# 首先使用 cd 命令移动到希望安装 Stable Diffusion WebUI 的位置
brew install cmake protobuf rust python@3.10 git wget
git clone https://github.com/AUTOMATIC1111/stable-diffusion-webui
cd stable-diffusion-webui
export no_proxy="localhost, 127.0.0.1, ::1"
./webui.sh
```

　　在浏览器输入 http://127.0.0.1:7860，便可以进入 Stable Diffusion WebUI。更详细的安装方法和有关问题，可以参考 Stable Diffusion WebUI 官方指南。

　　在 Stable Diffusion WebUI 中，包含多项影响图像生成效果的关键参数，如图 6-3 左侧部分所示。

- Stable Diffusion checkpoint：可以选择已经下载的模型。目前许多社区（如 Hugging Face、Civitai 等）支持开源的 Stable Diffusion 模型下载。

- txt2img：这个参数表示启用 "文生图" 功能。类似地，img2img 参数表示启用 "图生图" 功能，Train 参数表示支持微调 Stable Diffusion 模型，Extensions 参数表示支持选择各种功能插件。

- green sapling……：为 Prompt 文本框，用于生成图像的文本描述。

- Negative prompt：用于生成图像的反向描述词。例如，如果读者不希望图像中出现红色，可以在这里输入 "red"。

- Sampling method：用于选择不同的采样器，例如 DDPM、Euler a 采样器等。

- Sampling steps：生成图像时的采样步数。

- Width 和 Height：生成图像的宽度和高度。

- Batch size：每次生成的图像数。如果显存空间不够大，建议调小这个参数的数值。

- CFG Scale：无分类器引导的引导权重。

- Seed：生成图像的随机种子，会影响生成的图像。

这些参数影响着生成图像的质量、多样性和风格，合理的参数选择是 Stable Diffusion WebUI 顺利进行图像生成和编辑的关键。

6.2.2　开源社区中的模型

掌握 Stable Diffusion WebUI 的用法后，如何获取各种风格的图像生成模型就非常关键了。事实上，除了我们经常听到的 Stable Diffusion 1.x、Stable Diffusion 2.x 和 SDXL 等模型，开源社区中还有成千上万的有趣模型可以为我们所用。

Civitai 和 Hugging Face 是 AI 图像生成领域中两个非常重要的开源社区。它们吸引了来自全球各地的网友们参与其中。这些社区成为宝藏般的资源库，提供了大量且风格多样的模型。通过这些社区，人们可以相互交流、分享和发现新的图像生成技巧，不断推动 AI 图像生成领域的发展。

对于 Hugging Face 和 Civitai 上展示的模型，既可以下载到本地在 Stable Diffusion WebUI 中使用，也可以在 GPU 环境下通过代码指令的方式进行使用。对于后者，先使用如下命令安装 diffusers 库，然后便可以通过 model_id 指定要使用的模型。

```
pip install diffusers
```

以 Stable Diffusion 1.5 模型为例，图像生成的方法如代码清单 6-3 所示。

代码清单 6-3

```
from diffusers import StableDiffusionPipeline
import torch

model_id = "runwayml/stable-diffusion-v1-5"
pipe = StableDiffusionPipeline.from_pretrained(model_id,
        torch_dtype=torch.float16)
pipe = pipe.to("cuda")

prompt = "a photo of an astronaut riding a horse on mars"
image = pipe(prompt).images[0]

image.save("astronaut_rides_horse.png")
```

在通过开源社区获取图像生成模型时，需要仔细查看模型的类型和使用方式，以确保正确地安装和配置模型，这样 Stable Diffusion WebUI 才能顺利调用它。例如对于 LoRA 类型的模型，需要配合某个基础的 Stable Diffusion 模型联合使用，因为配合某个特定的基础模型能发挥更好的作用。

6.2.3 体验 AI 图像生成功能

了解了 Stable Diffusion WebUI 和 AI 图像生成模型的获取方式，便可以体验 Stable Diffusion WebUI 的各种功能。

先以"文生图"任务为例，需要将下载的模型放置在以下安装路径中：./stable-diffusion-webui/models/Stable-diffusion。这里使用一个名为 ToonYou 的 Stable Diffusion 微调模型分别生成一个女生形象和一个男生形象，关键参数设置如下所示。

```
基础模型: ToonYou-Beta 6 [https://civitai.com/models/30240/toonyou]
文本描述: 1girl, fashion photography (女生形象)
文本描述: 1boy, fashion photography  (男生形象)
反向描述词: EasyNegative
采样器: Euler a
随机种子: 603579160
采样步数: 20
生成图像的宽和高: 512×512
引导权重: 7
```

生成效果如图 6-4 所示。

图 6-4　在 Stable Diffusion WebUI 中使用第三方模型的图像生成效果

推荐使用不同的描述、反向描述词、采样器、引导权重等测试图像生成效果，感受这些参数带来的效果变化。

接下来体验"图生图"功能。与"文生图"不同，"图生图"需要输入文本描述和原始图像，并需要提供去噪强度参数来控制加噪的步数，如图 6-5 所示。例如，采样步数设置为 20 步，去噪强度设置为 0.75，"图生图"的过程需要先对原始图像加入 15（即 20×0.75）步噪声，再参考文本描述进行 15 步噪声去除。

图 6-6 所示依次为原始图像（由 DALL·E 3 生成的人像）、去噪强度设置为 0.3 的"图生图"效果、去噪强度设置为 0.5 的"图生图"效果。从这个例子可以看出，去噪

强度数值越小，"图生图"的效果越接近原始图像。

图 6-5 在 Stable Diffusion WebUI 中体验"图生图"功能

（a）原始图像　　　　　　（b）去噪强度设置为 0.3　　　　　（c）去噪强度设置为 0.5

图 6-6 去噪强度对于"图生图"效果的影响

"图生图"示例的关键参数设置如下所示。

DALL·E 3 生成的原始图像的文本描述：
　宽高比 1:1，一个中国女孩的半身照片，她的手靠在脸颊上，长发飘飘，
　穿着浅灰色的毛衣，背景是金黄色的麦田，指甲上涂着黑色的指甲油，眼睛正视镜头

"图生图"过程的参数如下：
　基础模型：ToonYou-Beta 6 [https://civitai.com/models/30240/toonyou]
　文本描述：1girl, fashion photography
　反向描述词：EasyNegative
　采样器：Euler a
　随机种子：603579160
　采样步数：20
　生成图像的宽和高：512×512
　引导权重：7
　去噪强度：0.3/0.5

6.2.4　将多个模型进行融合

使用不同的 Stable Diffusion 模型进行融合也是一种常用的技巧，该技巧能够帮助用户快速调制出特色鲜明的图像风格。

模型融合，本质上就是对多个模型进行加权融合，从而得到一个融合后的模型。例如，如果希望将 Anything V5、ToonYou、MoYou 这 3 个模型进行融合，只需要给每个模型的所有权重分别乘一个权重系数，然后将它们加在一起。

在 Stable Diffusion WebUI 中，读者可以在 Checkpoint Merger 页面完成模型融合的过程，如图 6-7 所示。例如，在加权求和（Weighted sum）模式下，融合后的新模型权重的计算方式为式（6.2）：

$$新模型权重 = 模型A权重 \times (1-M) + 模型B权重 \times M \qquad (6.2)$$

其中，M 是权重系数。

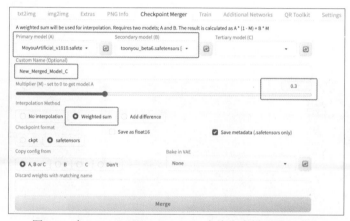

图 6-7　在 Stable Diffusion WebUI 中将多个模型进行融合

在差分加权（Add difference）模式下，用户需要提供 3 个模型，将模型 B 和模型 C 的权重差值以一定的权重加到原始模型 A 的权重上，如图 6-8 所示。融合后的新模型权重的计算方式为式（6.3）：

图 6-8　在 Stable Diffusion WebUI 中将 3 个模型以差分加权模式进行融合

$$新模型权重 = 模型A权重 + (模型B权重 - 模型C权重) \times M \qquad (6.3)$$

其中，M 是权重系数。

以加权求和模式为例，将 MoYou 模型和 ToonYou 模型按照权重系数为 0.5 的方式进行融合，然后使用融合后的新模型生成图像，关键参数设置如下所示，两个原始模型与融合后模型的生成效果如图 6-9 所示。

```
基础模型: MoYou [https://civitai.com/models/30240?modelVersionId=125771]
基础模型: ToonYou-Beta 6 (https://civitai.com/models/30240/toonyou)
文本描述: 1girl, fashion photography (女生形象)
文本描述: 1boy, fashion photography  (男生形象)
反向描述词: EasyNegative
采样器: Euler a
随机种子: 603579160
采样步数: 20
生成图像的宽和高: 512×512
引导权重: 7
```

（a）MoYou 模型　　　　　　（b）ToonYou 模型　　　　　　（c）融合后的新模型

图 6-9　融合前后模型的生成效果对比

可以看到，融合后的新模型生成图像的风格与用于融合的两个模型的风格有明显区别。

6.2.5　灵活的 LoRA 模型

相比于通过修改文本描述等参数以调整生成图像的风格和内容，使用 LoRA 模型能够带来更高的灵活性。在 Stable Diffusion WebUI 的"文生图"和"图生图"页面中都可以启用 LoRA 模型。图 6-10 所示为设置图像生成过程使用两个 LoRA 模型，二者的权重分别为 0.5 和 0.8。这些权重直接决定每个 LoRA 模型发挥的作用的强弱。

图 6-10　设置图像生成过程使用 LoRA 模型

LoRA 在 Stable Diffusion WebUI 中发挥作用的机理如式（6.4）所示：

$$y = (\boldsymbol{W} + \text{weight} \times \boldsymbol{BA})\boldsymbol{x} \tag{6.4}$$

其中，weight 代表的是 LoRA 与基础模型组合时的权重，$\boldsymbol{A}$ 和 $\boldsymbol{B}$ 代表的是 LoRA 模型的权重。

当我们在 Stable Diffusion WebUI 中同时使用多个 LoRA 模型时，就如同模型需要同时倾听多个"上司"的指示，每个上司都对最终的输出结果产生影响。这个过程可以用式（6.5）来表示：

$$y = (\boldsymbol{W} + \text{weight}_1 \times \boldsymbol{B}_1\boldsymbol{A}_1 + \text{weight}_2 \times \boldsymbol{B}_2\boldsymbol{A}_2 + \cdots + \text{weight}_n \times \boldsymbol{B}_n\boldsymbol{A}_n)\boldsymbol{x} \tag{6.5}$$

然而，在实际操作中，我们发现多个 LoRA 模型同时运作时，生成的图像效果往往不理想。这主要是因为每个 LoRA 模型的权重都加在了基础模型（Base Model）上，使得最终的 AI 图像生成模型功能变得混杂，生成的图像也就"四不像"了。

要在 Stable Diffusion WebUI 中添加 LoRA 模型，首先需要下载要用到的 LoRA 模型。例如，在 Civitai 上，可以通过单击页面右上角的漏斗形状符号来选择不同的功能或设置。选定了 LoRA 选项后，Civitai 网站会提示我们选择一个基础模型。在 Civitai 提供的选项中，包括多种不同的模型，例如 SD 1.4、SD 1.5 分别代表 Stable Diffusion 1.4 和 Stable Diffusion 1.5 模型。一旦选定基础模型（图 6-11 中选定的是 SDXL Turbo 模型），网站就会展示所有与之匹配的 LoRA 模型。此处选择的 SDXL Turbo 模型是针对 SDXL 模型的加速版，通过引入对抗蒸馏思想将 SDXL 图像生成的采样步数降低至 10 步以内。

如图 6-11 所示，在筛选后的 LoRA 模型列表中，每个模型卡片的左上角都有 LoRA 标识，方便用户识别。我们可以浏览这些模型，阅读模型介绍、查看示例图像以及其他相关信息，从中挑选合适的 LoRA 模型。

举个例子，如果我们选择图 6-11 中的第一个 LoRA 模型，就可以看到该模型的详细介绍，如图 6-12 所示。模型的详细介绍指出，它与选定的基础模型 SDXL Turbo 相匹配（图 6-12 中的红框区域）。值得注意的是，在 Civitai 社区中有许多基础模型是在

Stable Diffusion 各种版本的模型基础上进行微调得到的，因此这些微调后得到的模型仍然可以和被选中的 LoRA 模型兼容使用。

图 6-11　在 Civitai 中挑选 LoRA 模型的示意

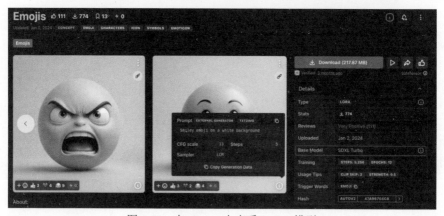

图 6-12　在 Civitai 中查看 LoRA 模型

将下载好的 LoRA 模型存放在路径 stable-diffusion-webui/models/Lora 中，并根据图 6-13 所示的方法刷新本地 LoRA 模型库。这样就可以轻松地将这些 LoRA 模型与基础模型结合，在 Stable Diffusion WebUI 中创造出独特的艺术作品。

图 6-13　刷新本地 LoRA 模型库

以"Moss Beast"和"大概是盲盒"两个 LoRA 模型为例，配合名为 helloip3d 的 3D 风格基础模型进行图像生成。"Moss Beast"的功能是生成苔藓怪兽风格，"大概是盲盒"的功能是生成 3D 盲盒风格。在 Stable Diffusion WebUI 中，LoRA 的标准写法是

<lora：模型文件名：权重＞。通常权重的取值范围是 0 到 1，其中 0 表示 LoRA 模型完全不发挥作用。例子中关键参数设置如下所示，两个 LoRA 模型的生成效果如图 6-14 所示。

```
采样器：DPM++ 2M Karras
随机种子：左图为 603579160/右图为 2963301778
采样步数：28
生成图像的宽和高：512×768
引导权重：7
```

基础模型：helloip3d
LoRA模型：Moss Beast
文本描述：adorable multicoloredmossbeast chibi <lora:mossbeast:0.8>, best quality,masterpiece

基础模型：helloip3d
LoRA模型：大概是盲盒
文本描述：chibi, masterpiece, best quality, original, official art, Cute, full body,beautiful eye,colorful ombre hair,rainbow gradient, jack-o'-lantern, outfit, smiling,bokeh, bloom, blurred background, cartoon rendering, <lora:blindbox_V1Mix:0.3>

图 6-14　LoRA 生成效果示意

　　正如上述例子所示，LoRA 模型能够为基础模型带来特定的风格，例如 3D 卡通风格或者覆盖苔藓的独特风格等。更有趣的是，LoRA 模型还能够帮助基础模型生成特定类型的内容，例如某个知名 IP 的角色形象。在漫画制作过程中，这一点尤其重要，因为不仅要维持一致的画风，还需要保持漫画角色的固定形象。

　　以"中谷育"LoRA 模型为例，我们可以探索 LoRA 模型在保持 IP 角色的固定形象方面的潜力。在本例中，关键参数的设置如下所示，LoRA 模型的生成效果则在图 6-15 中呈现。

```
基础模型：AnythingV5(https://civitai.com/models/9409?modelVersionId=29588)
LoRA 模型：中谷育(Nakatani Iku)
文本描述： a photo of a girl, <lora:Iku_Nakatani-000016_v1.0:1>
```

反向描述词: EasyNegative, (worst quality, low quality:1.4), (lip, nose, rouge, lipstick:1.4), (jpeg artifacts:1.4), (1boy, abs, muscular:1.0), greyscale, monochrome, dusty sunbeams, trembling, motion lines, motion blur, emphasis lines, text, title, logo, signature
采样器: DPM++ 2s a Karras
随机种子: 603579160
采样步数: 20
生成图像的宽和高: 448×640
超分辨率倍率: 2 倍
引导权重: 7

图 6-15 LoRA 模型的 IP 角色的固定形象保持功能

在具体操作过程中，我们可以同时引入多个不同的 LoRA 模型。通过结合各种 LoRA 模型，我们能够混合多种风格、特征和创作元素，从而创作出既独特又个性化的作品。这种创作方式不仅增强了图像的表现力，更为艺术家们提供了一个自由发挥创意和想象力的平台。

6.3 Stable Diffusion 代码实战

本节将以一个具体的图像生成任务为例，使用 LoRA 技术对 Stable Diffusion 模型进行微调。

对于一个 Stable Diffusion 的微调任务，首先需要考虑两个操作：数据集获取和基础模型选择。幸运的是，我们已经熟悉了 Hugging Face 和 Civitai 这两个强大的开源社区，可以免费获取海量数据集和基础模型。

6.3.1　训练数据准备

在 Stable Diffusion 模型的训练过程中，我们依赖于图像-文本对的数据集。其中，对图像的文本描述部分被称为"caption"，即图像标题。这些标题通常来源于互联网上的 Alt Text，即图像的替换文本（Alternate Text 或 Alternative Text）——一个超文本标记语言（Hypertext Markup Language，HTML）属性，该属性用于提供对图像的文本描述。如代码清单 6-4 所示，这些标题为图像提供了简洁明了的语义信息。

代码清单 6-4

```
<img src="butterfly.jpg" alt="a pink butterfly">
```

当我们在谷歌等搜索引擎上搜索图像时，通常会看到与图像相关的文本描述，这些文本描述很可能就是图像的 Alt Text。事实上，CLIP 这样的模型就是通过互联网上大量的图像和其对应的 Alt Text 进行训练的。

然而，并非所有图像都有现成的 Alt Text。在这种情况下，搜索引擎可能根据图像周围的文本内容，或者利用机器学习模型对图像进行分析，以生成相应的文本描述。

另外，并非所有图像及其 Alt Text 有较高的一致性。在这种情况下，我们可以利用深度学习模型为图像生成更加准确的文本描述，这个过程被称为图像描述（Image Captioning）。

在 Stable Diffusion 模型训练完成后，用户可以通过提供文本描述生成相应的图像。这里我们更习惯使用"文本描述"，而不是"图像标题"。

对于图像生成任务，可以使用 Hugging Face 上现有的公开数据集。本节选取 m1guelpf/nouns 数据集，该数据集中每张图像都包含对应的标题。

首先通过代码清单 6-5 所示的方法下载并加载数据集。

代码清单 6-5

```
from datasets import load_dataset
dataset = load_dataset("m1guelpf/nouns", split="train")
```

接着便可以通过代码清单 6-6 所示的方法对数据集中的图像和标题进行可视化，如图 6-16 所示。

代码清单 6-6

```
from PIL import Image

width, height = 360, 360
new_image = Image.new('RGB', (2*width, 2*height))
```

```
new_image.paste(dataset[0]["image"].resize((width, height)), (0, 0))
new_image.paste(dataset[1]["image"].resize((width, height)), (width, 0))
new_image.paste(dataset[2]["image"].resize((width, height)), (0, height))
new_image.paste(dataset[3]["image"].resize((width, height)), (width, height))

for idx in range(4):
    print(dataset[idx]["text"])

display(new_image)
```

图 6-16　训练数据可视化

　　当然读者也可以使用自己手中的图像训练原创 LoRA 模型。例如，插画师可以使用自己曾经的作品训练代表自己风格的专属模型以辅助创作。Stable Diffusion 模型的微调需要同时使用图像和图像标题。针对我们手中的图像，可以使用 BLIP 模型生成标题。

　　尽管 CLIP 和 BLIP 模型的名称相似，它们的用途和特点却有着明显的差异。CLIP 模型通过对比学习方法，使用海量的图像-文本对数据训练一个图像编码器和一个文本编码器。这两个编码器的结合，使得 CLIP 能够在跨模态检索任务中表现出色，例如根据文本找到匹配的图像，或者相反的任务。此外，CLIP 的文本编码器能够有效提取文本特征，辅助 AI 图像生成模型生成用户期望的图像。

　　而 BLIP 模型在实现了 CLIP 模型的基础功能外，还增加了一个关键的组成部分——一个类似于 ChatGPT 的语言模型。这使得 BLIP 不仅能够处理图像与文本之间的关联，还能够为图像生成详尽的文本描述。使用 BLIP 模型前，需要先在命令行终端登录 Hugging Face 账号，保证代码能够访问到 Hugging Face 服务器上的 BLIP 模型权重，登录方法如下所示：

```
huggingface-cli login
# 密码在 Hugging Face 账号的 Setting 页面获取
```

　　代码清单 6-7 所示为使用 BLIP 为图像生成标题的过程，图 6-17 所示为生成标题结果。

代码清单 6-7

```python
from transformers import BlipProcessor, BlipForConditionalGeneration
from PIL import Image
import requests

def generate_image_caption(image_path):
    # 初始化处理器和模型
    processor = BlipProcessor.from_pretrained("Salesforce/blip-image-
captioning-base")
    model = BlipForConditionalGeneration.from_pretrained("Salesforce/blip-
            image-captioning-base")

    # 打开图像文件
    if image_path.startswith('http'):
        image = Image.open(requests.get(image_path, stream=True).raw)
    else:
        image = Image.open(image_path)

    # 预处理图像并生成标题
    inputs = processor(image, return_tensors="pt")
    outputs = model.generate(**inputs)
    caption = processor.decode(outputs[0], skip_special_tokens=True)

    return caption

# 示例：为图像生成标题
image_path = 'path_to_your_image.jpg'  # 替换为读者的图像路径或 URL
caption = generate_image_caption(image_path)
print("Generated Caption:", caption)
```

Generated Caption: a drawing of a woman with long hair　Generated Caption: a woman in a red dress holding a piece of food

图 6-17　使用 BLIP 模型生成的图像标题

6.3.2　基础模型的选择与使用

要训练出理想的 LoRA 模型，选择一个生成风格与训练目标生成风格接近的基础模型，会大大降低训练难度。例如，训练目标是某个生成"二次元"风格的 LoRA 模型，那么擅长生成动漫风格的 Anything 系列模型就比擅长生成写实人像风格的 ChilloutMix 模型更合适。

对于 Hugging Face 中的各种 Stable Diffusion 模型，只需通过模型的 `model_id`，便可以直接在代码中下载和使用这些模型。以使用 Counterfeit-V2.5 模型为例，先获取它的 `model_id`，如图 6-18 所示。

图 6-18　获取模型的 `model_id`

之后，通过代码清单 6-8 所示的方法，通过 `model_id` 下载并加载模型。其中的 `model_id` 可以灵活切换成其他开源模型。

代码清单 6-8

```
import torch
from diffusers import DiffusionPipeline
from diffusers import DDIMScheduler, DPMSolverMultistepScheduler,
    EulerAncestralDiscreteScheduler
pipeline = DiffusionPipeline.from_pretrained("gsdf/Counterfeit-V2.5")
```

然后通过代码清单 6-9 所示的方法，完成采样器设置、文本描述设置等操作，便可以完成图像生成。

代码清单 6-9

```
# 切换为 DPM 采样器
pipeline.scheduler = DPMSolverMultistepScheduler.from_config(pipeline.scheduler.
                    config)
prompt = "((masterpiece,best quality)),1girl, solo, animal ears, rabbit"
negative_prompt = "EasyNegative, extra fingers,fewer fingers,"
images = pipeline(prompt, width = 512, height = 512, num_inference_steps=20,
                  guidance_scale=7.5).images
```

6.3.3　一次完整的训练过程

了解了训练数据的准备和基础模型的选择，接下来进行 Stable Diffusion 模型的微调。在命令行终端中使用如下命令将训练代码下载到本地环境（须确保训练用的计算机带有英伟达显卡）。

```
wget https://github.com/huggingface/diffusers/blob/774f5c45817805546ae5eb914c
175d4fe72dcfe9/examples/text_to_image/train_text_to_image_lora.py .
```

创建一个 run.sh 脚本，如代码清单 6-10 所示。

代码清单 6-10

```
export MODEL_NAME="CompVis/stable-diffusion-v1-4"
export DATASET_NAME="m1guelpf/nouns"

accelerate launch --mixed_precision="fp16" train_text_to_image_lora.py \
  --pretrained_model_name_or_path=$MODEL_NAME \
  --dataset_name=$DATASET_NAME --caption_column="text" \
  --resolution=512 --random_flip \
  --train_batch_size=1 \
  --num_train_epochs=10 --checkpointing_steps=5000 \
  --learning_rate=1e-04 --lr_scheduler="constant" --lr_warmup_steps=0 \
  --seed=42 \
  --output_dir="nouns-model-lora" \
  --validation_prompt="a pixel art character with square blue glasses, \
    a mouse-shaped head and green-colored body on a warm background"
```

在命令行终端中使用如下命令运行启动脚本 run.sh，耐心等待 LoRA 模型训练完成即可。

```
sh run.sh
```

需要注意，上面启动脚本中用到的基础模型是 Stable Diffusion 1.4，我们可以在 Hugging Face 中获取其他基础模型的 model_id 进行切换。例如将代码清单 6-10 中的第一行按照代码清单 6-11 所示的方式进行修改，便可以将基础模型切换为 Anything V5 模型。

代码清单 6-11

```
export MODEL_NAME= "stablediffusionapi/anything-v5"
```

代码清单 6-12 是训练脚本中 VAE 模型和 CLIP 文本编码器部分的加载代码（相比

于原始扩散模型多出的部分），在训练过程中这两部分模型权重是不需要更新的。

代码清单 6-12

```
tokenizer = CLIPTokenizer.from_pretrained(
    args.pretrained_model_name_or_path, subfolder="tokenizer", revision=args.revision
)

text_encoder = CLIPTextModel.from_pretrained(
    args.pretrained_model_name_or_path, subfolder="text_encoder", revision=
    args.revision
)

vae = AutoencoderKL.from_pretrained(
    args.pretrained_model_name_or_path, subfolder="vae", revision=args.revision
)

unet = UNet2DConditionModel.from_pretrained(
    args.pretrained_model_name_or_path, subfolder="unet", revision=args.non_
    ema_revision
)

# 将 vae 和 text_encoder 的参数冻结，保证训练过程中权重不更新
vae.requires_grad_(False)
text_encoder.requires_grad_(False)
```

Stable Diffusion 模型微调的核心过程如代码清单 6-13 所示。在这个过程中，VAE 模型首先将图像压缩到潜在空间，然后随机采样一步噪声完成加噪过程，CLIP 文本编码器提取文本特征，带噪声图像、时间步编码和文本特征一起作为 U-Net 模型的输入，用于预测当前时间步加入的噪声。

代码清单 6-13

```
for epoch in range(num_train_epochs):
    for step, batch in enumerate(train_dataloader):

        # VAE 模型将图像压缩到潜在空间
        latents = vae.encode(batch["pixel_values"].to(weight_dtype))
                .latent_dist.sample()

        # 生成随机噪声，并计算得到第 t 步的加噪图像
        noise = torch.randn_like(latents)
        timesteps = torch.randint(0, noise_scheduler.config.num_train_timesteps)
        noisy_latents = noise_scheduler.add_noise(latents, noise, timesteps)

        # 使用 CLIP 将文本描述作为输入
        encoder_hidden_states = text_encoder(batch["input_ids"])[0]
        target = noise

        # 预测噪声并计算损失
        model_pred = unet(noisy_latents, timesteps, encoder_hidden_states).sample
        loss = F.mse_loss(model_pred.float(), target.float(), reduction="mean")
        optimizer.step()
```

模型训练完成后，我们便可以使用得到的 LoRA 模型生成图像，如代码清单 6-14 所示。第 8 行的文本描述可以根据用户的想法灵活更换。图像生成效果如图 6-19 所示，可以看到，训练得到的 LoRA 模型学到了 m1guelpf/nouns 数据集中图像风格的"精髓之处"，图像的配色和线条都和数据集中图像的配色和线条相似。

代码清单 6-14

```python
from diffusers import StableDiffusionPipeline
import torch
model_path = "你的 LoRA 路径/sd-model-finetuned-lora-t4"
pipe = StableDiffusionPipeline.from_pretrained("stablediffusionapi/anything-
        v5", torch_dtype=torch.float16)
pipe.unet.load_attn_procs(model_path)
pipe.to("cuda")
prompt = "a pixel art character with square orange glasses, a faberge-shaped
          head and a magenta-colored body on a cool background"
# prompt = "a pixel art character with square black glasses, a crocodile-
            shaped head and a gunk-colored body on a cool background"
image = pipe(prompt, num_inference_steps=30, guidance_scale=7.5).images[0]
image.save("pixel_art.png")
```

a pixel art character with square orange glasses, a faberge-shaped head and a magenta-colored body on a cool background

a pixel art character with square black glasses, a crocodile-shaped head and a gunk-colored body on a cool background

图 6-19 微调模型的生成效果测试

6.4 小结

本章介绍了 AI 图像生成模型的实操。

首先本章讨论了低成本训练神器 LoRA，讲解了它的原理，以及如何将其应用于 Stable Diffusion 模型的实际训练过程。之后本章引入了 Stable Diffusion WebUI 工具，介绍了它的安装方法和基本使用技巧，带领读者体验了 Stable Diffusion 模型的各项功能，并探索了开源社区中的模型和多模型融合的技巧。最后，本章进行了实战操作，从准备训练数据到选择基础模型，最终使用 LoRA 微调了一个 Stable Diffusion 模型，带领读者体验了从理论到实践的完整过程。

期待读者能够运用本章的知识，探索自己的 AI 图像生成旅程，开启无限的创意和可能。